本书是国家自然科学基金青年项目“中国的农业机械化模式及其对农户收入增长与差距的影响研究”（项目编号：72003089）的阶段性研究成果。

经济管理学术文库 · 经济类

农户农业机械使用及其生产效应研究

Farm Machinery Use and Its Impacts on Agricultural Production

周晓时　李谷成／著

经济管理出版社
ECONOMY & MANAGEMENT PUBLISHING HOUSE

图书在版编目（CIP）数据

农户农业机械使用及其生产效应研究/周晓时，李谷成著．—北京：经济管理出版社，2022.6
ISBN 978－7－5096－8447－4

Ⅰ.①农…　Ⅱ.①周…②李…　Ⅲ.①农业机械—使用方法　②农业机械—机械维修　Ⅳ.①S220.7

中国版本图书馆CIP数据核字(2022)第085293号

组稿编辑：曹　靖
责任编辑：郭　飞
责任印制：黄章平
责任校对：董杉珊

出版发行：经济管理出版社
（北京市海淀区北蜂窝8号中雅大厦A座11层　100038）
网　　址：www.E－mp.com.cn
电　　话：(010) 51915602
印　　刷：唐山玺诚印务有限公司
经　　销：新华书店
开　　本：720mm×1000mm/16
印　　张：13
字　　数：185千字
版　　次：2022年7月第1版　　2022年7月第1次印刷
书　　号：ISBN 978－7－5096－8447－4
定　　价：88.00元

前　　言

随着农业劳动力成本持续上涨，农户选择农业机械替代劳动投入已成为理性选择，中国农业生产进入了转型升级新时期。2004 年，中国政府颁布了《中华人民共和国农业机械化促进法》，开始建立并完善农业机械购置补贴政策体系。此后，农业机械化进入快速发展阶段，但仍存在结构不合理、发展不均衡和农户整体采用比例低等问题。农业机械化的快速发展深刻影响着生产要素投入和农业产出，如何正确总结自 1978 年以来农业机械化发展的成功经验与不足之处，对新时期中国农业转型至关重要。农业机械化在实践上是农业现代化的重要内容和实现手段，在理论上则是观察农业生产变动趋势的最佳研究对象。

本书基于诱致性技术进步理论和 Barnum - Squire 农户理论模型，采用规范的统计学方法和计量经济学模型分析框架，对农户农业机械使用行为及其影响进行研究。主要研究内容包括中国农业机械化发展的阶段特征分析，农户农业机械使用行为分析以及农业机械使用对农业投入产出的影响分析。具体而言：第一，基于国家统计数据，厘清 1978 ~ 2017 年中国农业机械化进程的历史变迁和相关基本事实，包括系统分析农业机械化发展的阶段特征，对比分析农业机械化和农业投入及产出的变动趋势。第二，寻找中国农业机械化发展的微观基础。从农户需求角度出发，基于中国劳动力动态调查 2016 年大样本数据库，利用多元 Logit 模型探索影响农户对无机械化生产、半机械化生产和全机械化生产三种模式选择的驱动因素，并进一步分析农户使用农机来源，考察农户差异化农机来源选择的背后驱动因素。第三，探讨农业机械化与农业劳动力投入之间的关系。基于省级面板数据，采用递归混合过程模型，在控制互为因果内生性的基础上，实证分析农业机械投资对农业劳动力投入的替代效应。第四，考察农业机械使用对农药的节约效应。基于微观农户调查数据，采用二元内生转换回归模型，控制由可观测和不可观测两种因素带来的选择性偏误，准确评估农业机械使用对农药投入量的节约效应。第五，从粮食安全角度出发，探究农户农业机械使用对粮食产出的影响。基于微观农户调查数据，采用两阶段控制方程分析框架克服内生性问题，并利用无条件分位数回归模型，考察农户农业机械使用对玉米产量的异质性影响。第六，全面考察农业机械使用对农业产出的综合影响。基于农户种植业生产数据，采用一个新的农业机械化模式指标反映农业生产全过程中的农业机械使用情况，以土地生产率来反映种植业综合产出，通过多元内生转换回归模型控制农户农业机械使用的自选择效应，考察不同农业机械化模式选择对整个种植业土地生产率的影响以及不同机械化方式的生产率差异。

研究发现：第一，我国农业机械化发展进入了结构调整、质量导向的新时期。第二，农户农机供给中，购买农机服务和自购农机共提供了 78.7%，农户农业机械使用行为和对农机来源的选择行为受到了多种因素的影响，其中耕地规模和土地确权因素影响显著。第三，农业机械使用可以显著降低农业劳动力投入和农药投入。第四，农业机械使用对玉米产量具有异质性影响，其中低产农户通过使用农业机械获益较中高产农户更多，且扩大耕地规模有利于提高农业机械使用的产出效应。第五，农业机械使用可以显著促进土地生产率提高，且机械化程度越高土地生产率也越高，同时相对其他机械化方式，自购型机械化产出效率更高。

与现有文献相比，本书具有以下特点：第一，本书基于速水佑次郎 - 拉坦诱致性技术进步理论和 Barnum－Squire 农户模型，从理论上分析了农户农业机械使用及其对农业生产影响的作用机理。第二，在观察视角上，将农业机械化发展置于时空变动视角下，全方位观察农业机械化发展。从微观农户角度出发，分别考察了农业机械在施药环节、耕地环节和农户家庭种植业生产全过程的使用情况及其影响。第三，在对农业机械使用的生产效应评估中，采用较为前沿的递归混合过程模型、两阶段控制方程和内生转换回归模型，控制了由于可观测和不可观测因素造成的农户农业机械使用的自选择偏误问题。

本书所得出的结论在推动农业机械化高质量发展、农业生产技术升级和农业增长方面具有以下四点政策含义：第一，推动农业机械化改革需要优化农机结构、融合农机农艺。第二，大力推动农业机械作业服务发展，缓解小农户用机门槛，促进农户生产技术升级。第三，提升农业生产基础设施建设，改善农业机械作业环境。第四，推动土地流转和适度规模经营，健全农业推广体系，促进农户农机采纳，发挥农业机械节本增效功能。

目　录

第1章　导论

1.1　研究背景与研究意义

1.1.1　研究背景

农业机械化是当前农业生产转型和促进农户增产增收的重要抓手之一。2004年出现的“民工荒”现象表明我国开始步入了劳动力成本不断上升的“刘易斯转折区间”（蔡昉，2007a），国家适时地在同一年出台了我国第一部促进农业机械化的法律——《中华人民共和国农业机械化促进法》，并开始逐步建立农机购置补贴体系，农业机械化进入快速发展阶段。伴随着劳动力成本上升和劳动力持续非农转移，2004～2017年农业劳动力占社会总就业的比例不断下降，从2004年的46.9%下降到2017年的27.0%。而与农业劳动力投入不断减少对应的是，我国粮食产量不断创造新高，从2004年的4.7亿吨增长到2012年的6.1亿吨，并在此后一直稳定在6亿吨水平以上。农业机械化在节约劳动、保障粮食生产中扮演着不可替代的重要角色（张宗毅等，

2014）。统计数据显示，中央财政投入力度不断加大，农业机械购置补贴金额从2004年的7000万元增加到2017的186亿元，全国农业机械总动力由2004年的6.4亿万千瓦快速增长到2018年的10.0亿万千瓦，政策的支持有力地保障了我国的粮食安全。

2004年之后历年中央一号文件及相关政策不断强调农业机械化的重要性，并推出了具体的推进措施（见附表1）。即便如此，与欧美等发达国家相比，当前中国农业机械化整体发展水平仍相对落后，针对不同生产环节和不同作物的机械化发展仍不均衡（孔祥智等，2014，2015）。截至2017年底，中国农业综合机械化率超过了66%，但不同生产环节机械化率差异明显，其中机耕率、机播率和机收率分别为82.36%、54.01%和57.05%。此外，农业机械化在不同作物之间发展水平的差距较大，例如2016年小麦各生产环节都实现了较高的机械化水平，机耕率、机播率和机收率分别达95.38%、86.34%和91.45%。而玉米和水稻分别在收获、播种环节存在机械化“瓶颈”，这两个环节的机械化率分别为57.28%、47.44%。当前中国农业机械化还存在较大发展空间，需要从提高存量向发展质量转变。

在农户层面，农业机械化有助于克服劳动力的季节性短缺、降低劳动强度，保障农业生产的顺利进行（Ellis，1993；FAO，2013；Ma等，2018）。农户在要素投入环节配套使用农业机械还有利于提高要素投入效率，节约要素投入成本。此外，使用农业机械（例如深耕、深松机和植保机等机器）还可以提高土地质量，有助于稳定粮食产量，对保障我国粮食安全具有重要意义。[①]农业机械化对农业生产的节本增效功能在实证分析文献中不断被验证。例如李谷成等（2018）研究发现，农业机械化和劳动力非农转移能够显著提高农户收入，因为农业机械化可以替代原有的农业雇工或家庭劳动力，降低农业的生产成本或机会成本，间接促进农民增收。Li等（2017）和Zhang等（2019）

① 根据中国农业农村部的实地测验数据，在相同的施肥量水平上，采用农业机械进行深施基肥可以增产5%～10%（详见：http：//www.moa.gov.cn/zwllm/zwdt/201011%20/t20101110_1698014.htm）。

发现，农业机械化有利于提高农药等化学投入的使用效率，减少化学物品的污染，降低农业生产成本。Benin（2015）利用加纳的农户调研数据发现，农业机械使用可以显著促进农作物产量提升21%～24%，验证了农业机械的产出效应。

当前中国经济进入由高速增长转为中高速增长的新阶段，其中一个重要原因就是面临的要素禀赋结构及其相对价格正在发生重大变化，进入到一个劳动力成本不断上升的"刘易斯转折区间"，并具有长期性、趋势性和不可逆性。这一重大变化必然会对农业生产产生重大影响，农业不再是二元经济模型中提供无限劳动力供给的"蓄水池"，农业技术进步方向和生产方式必然发生重大变化，例如以劳动密集型向农业机械化为代表的资本密集型转变（蔡昉，2017a）。面对这种新状况，能否打破传统劳动"过密型"小农经营模式，实现"资本深化"，走出一条资本替代劳动之路，是转变农业发展方式的重大课题，这甚至意味着数千年来具有精耕细作传统的中国农业正在发生重大转变。农业机械作为一种最典型、最重要的劳动节约型技术，在实践上是农业现代化的重要内容和实现手段，在理论上则是观察这一影响和变化的最佳研究对象（焦长权和董磊明，2018）。基于上述背景，本书选题为农户农业机械使用及其生产效应研究。

1.1.2　研究意义

本书的研究意义主要体现在以下几点：

第一，农业机械化是当前中国农业发展的必由之路。随着劳动力成本的刚性上涨，如何更好更快发展以农业机械为代表的劳动替代型技术已获得学术界和政府的广泛共识。根据具有全国代表性的中国劳动力动态调查数据发现，仍有超过60%的农户在种植业生产中未使用任何农业机械。因此，探索促进或抑制农户农业机械使用的关键影响因素，为推动我国实现小农生产背景下的"农业机械化的中国模式"（张晓波，2013；方师乐等，2018）和相关农业机械化政策提供参考依据。

第二，当前我国农业生产面临着成本“地板”和价格“天花板”的双重制约（魏后凯，2017）。通过农业机械化提高相应环节的生产要素使用效率，节约农业投入，有利于降低农业生产成本，是缓解我国农业生产成本上涨压力的重要抓手。现有文献多从机械与其他要素的替代弹性入手考察农业机械化对农业生产要素投入的影响，但这实际上仅能反映农业机械和其他要素投入在生产函数中的数量结构关系。因此，基于逻辑关系而非数量关系，考察农业机械对劳动和农资等要素投入的影响，有助于深化对农业机械化在农业生产中作用的全面理解，为优化农机结构和农业机械化全方面发展提供决策依据。

第三，提高农业产出是保障粮食安全的关键。农业机械化有利于提升农业生产效率，提高粮食产量，对保障粮食安全具有重要的现实意义。传统观念认为农业机械一般仅具有针对劳动力等要素的替代效应，而对产出的影响不明显。但在现实中，农民通过使用深耕深松机和农业植保机械提高土地质量，使用耕种和收获机械提高抢种抢收过程的效率，有力地促进了粮食产出的增长。因此，准确评估农业机械化以及不同类型农业机械化模式的产出效应，有利于保障粮食安全，对未来合理安排农业机械化政策和提高农业生产率具有现实意义。此外，由于农户的异质性，不同产出水平的农户使用农业机械化带来的效益可能各不相同。从异质性和公平性角度出发，考察农业机械使用对整个粮食产量分布的影响，有助于针对性地提出政策建议，提高政策的精准性。

1.2 研究目标与研究内容

1.2.1 研究目标

本书试图考察农户农业机械使用行为及影响因素，并检验农业机械使用对

农业生产的节本增效作用。具体研究目标如下：

第一，分析自改革开放以来中国农业机械化发展的阶段特征。然后结合农业要素投入产出变动情况，分析我国农业机械化的未来发展方向。

第二，分析影响农户农业机械使用行为的关键因素以及农户对不同农机来源渠道选择的驱动因素，为促进农户农业机械使用和农业机械化提供理论借鉴。

第三，分析农业机械化对农业劳动力投入的替代效应，及其影响大小和影响方向，为厘清农业机械化与农业劳动力投入之间的内生关联提供实证分析案例。

第四，分析农业机械化对农药投入的节约效应，考察农户在农药投入环节使用农业机械的影响因素以及驱动农户农药投入的影响因素，为充分挖掘农业机械化的节本效应以及我国农业绿色可持续发展政策提供依据。

第五，分析农业机械化对粮食产量分布的异质性效应，采用 Gini 系数和方差考察农业机械化的增产效应以及对农户间粮食产量差异和波动性，为保障粮食安全提供政策依据。

第六，分析农业机械化对农户种植业土地生产率的提升效应以及其他驱动或抑制生产率增长的影响因素，为提高种植业土地生产率水平提供理论支持。

1.2.2 研究内容

为了分析农户的农业机械使用行为，以及农业机械化对投入产出的影响，本书结合中国省级面板数据库、中国劳动力动态调查数据库和农户随机抽样调查数据，基于速水佑次郎—拉坦式诱致性技术进步理论和 Barnum - Squire 农户模型，具体分析农户农业机械使用行为，并进一步评估农户农业机械使用的农业生产效应。具体研究内容如下：

内容一：根据诱致性技术进步理论，通过对比分析，考察农业机械化发展历史阶段特征，并对比分析农业机械化和农业投入及产出的变动趋势，厘清我国农业机械化的发展阶段和发展方向。

内容二：根据 Barnum - Squire 农户模型，采用多元 Logit 模型分析农户对农业机械化模式选择的驱动因素，同时识别影响农户对不同农机来源选择决策的因素。

内容三：采用递归混合过程模型控制农业机械化和农业劳动力投入的互为因果内生关系，考察农业机械化对农业劳动力投入的影响。此外，采用内生转换回归模型具体分析农药投入环节农业机械使用的影响因素和农药投入的影响因素，以及农业机械使用对农药投入的平均处理效应。

内容四：采用无条件分位数回归模型，分析农业机械使用对粮食产出分布的异质性效应。此外，基于公平视角，利用 Gini 系数和产量方差，考察农业机械使用对农户粮食产出的平等效应。

内容五：基于多元内生转换回归模型分析框架，考察不同农业机械化模式选择对土地生产率的平均处理效应，并进一步检验农业机械化对“土地规模—生产率”关系的影响以及不同方式机械化的产出差异。

1.3 研究方法、数据来源和技术路线

1.3.1 研究方法

根据前文的研究目标和研究内容，本书基于以下研究方法开展：

（1）定量分析法（Quantitative Analysis）。农户对农业机械的采用行为并非是随机的，而是一种自愿行为（Voluntary Activity）。农户一般根据可观测因素（例如，年龄、性别、受教育程度、外出务工等）和不可观测因素（例如，农户的先天能力和农业机械化动机等）自行决定是否使用农业机械和使用何

种农业机械化方式进行农业生产（Takeshima，2017；Ma 等，2018），这种情况下将会导致农业机械使用变量的自选择型内生性问题（Heckman，2010）。控制农户农业机械使用过程中的自选择偏误，是准确评估农业机械使用生产效应的关键。针对样本数据结构和变量特征，本书选择了不同的效应评估模型来控制农户自选择带来的内生性问题。具体方法如下：

第一，针对农业机械化和农业劳动力投入的相互关联关系，本书采用面板数据来消除由不随时间和地区改变的因素带来的遗漏变量问题，并利于递归混合过程（Recursive Mixed – Process）模型控制农业机械化与农业劳动投入之间互为因果关系型的内生性。

第二，在农业机械使用对农药投入的影响分析中，本书采用二元内生转换回归（Endogenous Switching Regression，ESR）模型控制农户在农药投入环节农业机械使用的自选择效应。相对于传统效应评估中的倾向得分匹配法（Propensity Score Matching，PSM），ESR 模型的优势在于其可以同时控制模型中由可观测和不可观测因素带来的选择性偏误，其估计结果更为稳健。

第三，在对农业机械使用对粮食产出的异质性影响分析中（Heterogeneous Effects），本书采用两阶段控制方程法（Two – Stage Control Function）来控制农业机械使用变量的内生性。此外，本书选择无条件分位数回归（Unconditional Quantile Regression，UQR）模型考察农业机械使用对不同分位点粮食产出的异质性影响以及对农户间粮食产出 Gini 系数以及波动性的影响。与传统的条件分位数回归（Conditional Quantile Regression，CQR）模型相比，UQR 模型的效应估计不依赖于控制变量的选择，且可以对任一分布统计量进行估计，具有更广泛和稳健的估计效力。

第四，对不同农业机械化模式的产出效应估计中，本书采用多元内生转换回归（Multinomial Endogenous Switching Regression，MESR）模型来控制农户在多种农业机械化模式选择过程中的选择性偏误。当农户面临的选项超过两个时，传统针对二元处理变量（Binary Treatment Variable）的效应评估模型失效。新近发展的多值处理效应（Multivalued Treatment Effects，MVTE）模型和MESR模型都可以用来评估农业机械化的平均处理效应（Average Treatment Effects，ATE）。相对于MVTE模型，MESR模型的优势在于其可以同时控制由可观测和不可观测因素带来的选择性偏误，可以提供更稳健的估计结果。

（2）规范分析法（Normative Analysis）。与定量分析不同，规范分析针对客观事实现象，重点对事物特征或发展进行价值判定。本书采用规范分析法，对我国农业机械化发展趋势和阶段特征进行梳理归纳，试图发现农业机械化发展中的问题与面临的挑战，并回答在未来推进农业机械化发展过程中的应对策略。

（3）比较分析法（Comparative Analysis）。比较分析法常见于文献中针对不同时空或不同类型的事物特征进行对比分析，确定其异同点。根据分析的层次不同，一般可以分为横向比较和纵向比较。在本书中，第一，通过纵向对比中国农业机械化发展不同时期发展特征，寻找我国农业机械化与农业增长过程中的不足与未来方向；第二，为检验文献中“土地规模—生产率”的反向关系假设和农业机械化的规模门槛效应，本书横向比较分析了不同土地经营规模下农业机械使用对粮食产量和土地生产率的效应差异。

1.3.2 数据来源

本书根据不同章的研究主题和内容分别采用了国家统计局全国时间序列数据和省级面板数据、中国劳动力动态调查（China Labor - force Dynamics Survey，CLDS）2016年农户数据以及2017年中国玉米生产农户微观调查数据进行分析。

第一，采用官方统计数据具有全国代表性和权威性。一方面，利用全国时间序列统计数据，考察农业机械化发展的阶段特征，对比分析农业机械化和农业投入及产出的变动趋势；另一方面，基于统计数据构建的省级面板数据集，控制不随时间改变的异质性因素，分析农业机械使用对农业劳动力投入的影

响。由于数据可得性和分析目的，具体研究区间限定为1978～2017年。具体数据来源主要包括1979～2018年的《中国统计年鉴》、1979～2018年的《中国农村统计年鉴》、《新中国55年统计资料汇编》、《新中国60年统计资料汇编》等官方统计资料。

第二，采用中国劳动力动态调查2016年微观农户数据库不仅可以控制农户个体异质性特征，且样本具有全国代表性，可以反映全国农户整体情况。该数据库由中山大学在全国东部地区、中部地区、西部地区采用一个多阶段分层PPS（Probability Proportional to Size）抽样技术进行住户抽样获取。2016年CLDS数据库共包含中国29个省份数据（不包含西藏和海南以及港澳台地区）的14200个住户样本，其中8248个是农村农户，5952个属于城镇家庭，保证了数据库样本信息具有一定的全国代表性。该数据库包含个体和家庭层面特征信息，包括家庭日常生活活动、金融财产、农户劳动力流动、农业生产销售等。

第三，2017年中国玉米生产农户的随机抽样调查数据含有针对部分农业生产环节中的农业机械化情况，可以进一步细化分析农业机械化在具体作物和具体生产环节中的应用情况，并考察其对生产的具体影响。该数据库在2017年1月采用多阶段随机抽样法进行抽样获取。在抽样第一阶段，基于地理位置和经济发展程度，甘肃、河南和山东三个省被选取作为抽样地区。其中，山东位于中国东部地区，属于东部地区较发达的省份之一，而河南和甘肃分别位于中部平原和西部山地丘陵地区，兼顾了不同地理条件下的农业生产类型。此外，2016年山东、河南和甘肃三个省玉米播种面积占全国的20.5%，玉米产量分别为20.65百万吨、17.46百万吨和5.61百万吨，合计占中国玉米总产量的16.6%，具有一定的全国代表性；在抽样第二阶段，在每个省份分别随机选取一个县，其中在山东选择菏泽，在河南选择三门峡，在甘肃选择定西作为调查县；在抽样的第三阶段，分别在每个县随机选取3个村进行入户调查。每个村随机抽取45～50个农户进行面对面访谈调研，入户调查通过雇佣当地大学受过培训的调研员同时采用普通话和当地话，利用详细的结构化问卷与农户进行面对面访谈，最终共计获取了493份农户样本。调查问卷覆盖了农户自身和生产层面特征（例如年龄、性别、受教育程度、农户规模、经营土地面积）、农业机械使用情况、农业生产投入（例如化肥、种子、农药等）、外出务工状态、信贷获取情况等信息①。

1.3.3 技术路线

基于上述研究目标和研究内容，本书在提出研究问题和理论基础分析的基础上，考察农业机械化趋势和阶段特征以及农业生产率增长路径，重点关注农户的农业机械使用行为和农业机械使用带来的农业生产效应，在总结研究结论的基础上提出政策建议。本书的技术路线如图1－1所示：

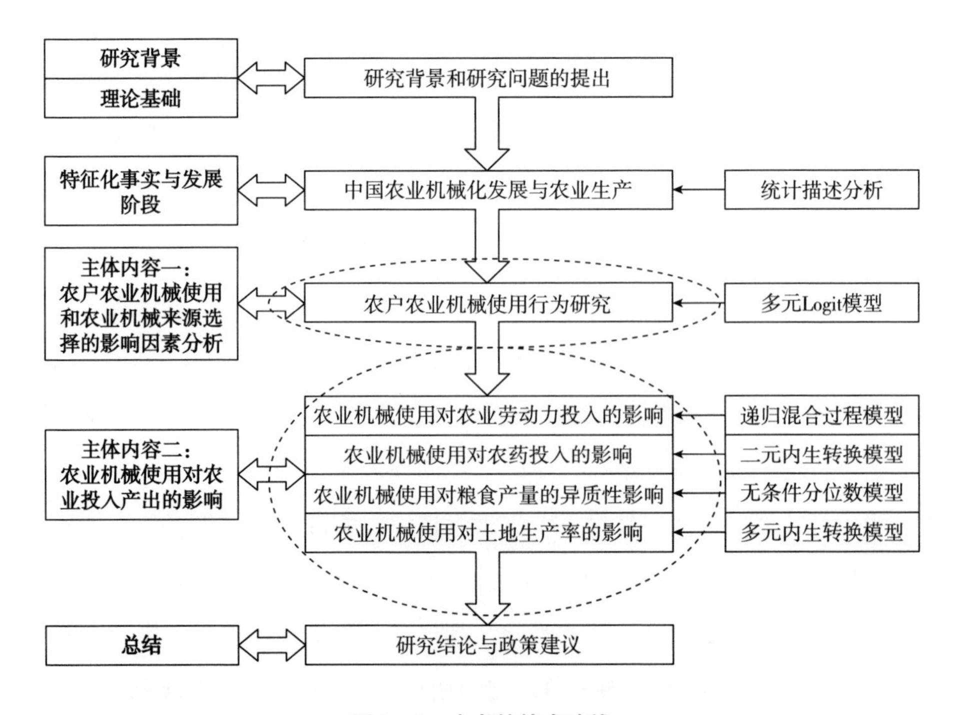

图1－1　本书的技术路线

---

① 基于该数据，Ma等（2018）和Ma等（2019）分别研究了智能手机使用对收入的影响以及非农收入对农村居民能源消费的影响，数据的有效性经过了同行评议，得到一定的保证。

1.4　研究思路与篇章结构

1.4.1　研究思路

本书试图探究中国农业机械化发展趋势及农户使用行为，并准确评估中国农业机械化对农业生产的影响，为推进中国农业机械化发展，促进农业可持续增长提供政策建议。第一，本书基于中国国家统计数据，通过分析农业机械化发展趋势，并对比分析农业机械化与农业生产投入和产出变动趋势及其相互关系。第二，通过大样本微观农户调查数据，本书对农户农业机械使用行为的影响因素进行分析，并考察影响农户对不同农机来源选择的决定因素。第三，针对农户农业机械使用对农业生产中要素投入的影响，本书首先采用面板数据考察其对农业劳动力投入的影响，其次采用内生转换回归模型控制农户自选择效应，分析农业机械使用对农药投入的平均处理效应。第四，针对农业机械使用的产出效应，本书首先分析农业机械化对粮食产量的异质性效应，其次考察不同的机械使用方式对土地生产率的无偏影响。第五，在总结农业机械化发展特征、农户农业机械使用行为及其农业生产效应的研究结论的基础上，提出具有针对性的政策建议。此外，结合本书的不足之处对未来研究进行展望。

1.4.2　篇章结构

根据研究目的和研究思路，本书共分为 9 章，各个章节具体内容安排如下：

第 1 章，导论。第一节介绍本书的研究背景和研究意义；在第二节中主要讨论本书的目标和主要内容；第三节介绍本书的研究方法、所用到的数据和分析相应的技术路线图；第四节简要介绍本书的研究思路和篇章布局安排；第五节介绍本书的创新点。

第2章，理论基础与文献综述。第一节针对本书中所涉及的关键概念给出内涵界定；第二节介绍与本书相关的诱致型技术进步理论和 Barnum – Squire 农户模型理论；第三节梳理关于农业机械化发展研究的相关文献；第四节综述关于农业机械化对农业要素投入影响的研究；第五节介绍关于农业机械化对农业产出影响研究的情况；第六节针对现有文献研究进行总结。

第3章，中国农业机械化发展与农业增长。第一节分析中国农业机械化发展阶段特征；第二节对比分析农业机械化与主要农业生产要素投入变动趋势；第三节对比分析农业机械化发展与农业产出概况；第四节分析农业机械化与中国农业增长路径。

第4章，农户农业机械使用行为分析。第一节介绍农户农业机械使用行为的理论假设；第二节介绍实证分析所用的多元 Logit 模型；第三节介绍实证中所用的数据和相关变量的描述性统计；第四节分析农户农业机械使用行为的影响因素；第五节分析农户农业机械来源及影响因素。

第5章，农户农业机械使用对农业劳动力投入影响的实证分析。第一节提出研究问题；第二节对本章研究设计进行介绍；第三节是农业机械化对农业劳动力投入影响的实证分析；第四节进行稳健性检验分析。

第6章，农户农业机械使用对农药投入影响的实证分析。第一节提出本章研究问题；第二节介绍本章研究设计；第三节介绍模型估计所用的数据，并对相关变量进行描述性统计分析；第四节是农业机械使用对农药投入影响的实证分析；第五节针对农业机械化对农药投入影响的分解效应进行分析。

第7章，农户农业机械使用对粮食产出影响的异质性分析。第一节提出研究问题；第二节介绍实证中所用的两阶段控制方程模型；第三节是数据和描述性统计；第四节是模型实证结果与分析；第五节是农业机械使用对农户玉米产量差异影响的实证分析。

第8章，农户农业机械使用对土地生产率影响的实证分析。第一节提出研究问题；第二节介绍多元内生转换模型；第三节介绍平均处理效应的估计框架；第四节是实证数据介绍和描述性统计；第五节是农业机械化对土地生产率影响的实证分析；第六节分析不同规模下农业机械化模式对土地生产率的影响；第七节进一步分析了农业机械化方式下土地生产率的差异。

第9章，研究结论与政策建议。第一节主要是梳理本书的主要研究结论。第二节根据相关结论给出相应的政策建议；第三节针对本书的不足提出研究展望，以期对未来相关研究提供借鉴。

1.5 本书的创新点

第一，基于 Barnum - Squire 农户模型，本书利用多元 Logit（Multinomial Logit，MNL）模型实证分析了农户农业机械使用以及对不同来源机械选择的影响因素。当前文献中，针对农业机械使用行为和决策的实证模型研究不断出现，其中以概率选择模型 Logit 或 Probit 二元选择模型应用最为广泛（赵京等，2012；胡拥军，2014）。但由于农业生产的连续性多环节属性，二元选择模型仅能够控制农户是否在某一环节或多个环节中选择使用农业机械，在一定程度上现有文献对农业机械的实际使用行为分析偏离了完备性假定。本书基于全国大样本数据，将农户农业机械使用行为分为无机械化生产、半机械化生产和全机械化生产三种独立不交叉的机械化方式，来控制种植业生产过程中多阶段多环节生产特征。此外，现有文献对农业机械化的分析较少区分农户使用的农机来源，本书利用多元 Logit 模型探讨了影响农户对不同农机来源选择的主要因素，为农业机械化改革提供政策建议。

第二，利用反事实分析框架和模型，本书在控制农户自选择偏误的基础上，考察农户的农业机械使用行为及其对农业要素投入和产出的平均处理效应。一方面，现有研究主要集中于农业机械化对劳动力的影响，而缺乏对其他投入要素的关注。对此，本书在劳动力投入之外，还选择了外部效应明显的农药投入进行分析，具体考察了农药投入环节使用农业机械对农药投入量的影响。另一方面，现有文献中对农业机械使用变量的内生性问题重视不足。由于农户农业机械使用行为是一个自选择过程（Self - selected Process），其受到农户自身可观测的家庭特征以及不可观测的能力等因素共同影响，如果不对这一自选择过程加以控制，将会造成估计结果的选择性偏误（Ma 等，2018；Zhang 等，2019），不利于效应评估和政策制定。因此，本书选择递归混合过程模型、内生转换模型和两阶段控制方程等较为前沿的实证模型，评估农业机械使用对农业生产要素投入和农业产出的影响。

第三，基于无条件分位数回归分析框架，本书考察了农业机械使用对粮食产出的异质性影响。现有对农业机械使用对农作物产量影响分析的文献中，大多假定不同生产率水平农户可以从农业机械使用中获取同样的收益，因此采用了诸如最小二乘法等均值回归作为基础的计量模型进行实证分析。而现实中，农业机械使用可能对不同类型农户有不同的影响，即农业机械使用的效应存在异质性。因此，本书在控制农业机械使用自选择偏误的基础上，利用无条件分位数回归模型考察了农业机械使用对玉米产量的异质性效应。此外，基于无条件分位数回归模型的优势，本书还从公平视角考察了农业机械使用对农户粮食产出 Gini 系数和产量方差的影响。

第2章　理论基础与文献综述

2.1　相关概念界定

第一，农业机械化。农村发展和农业增长离不开农业机械化水平的提高。但是，农业机械化并不像化肥、种子这样的投入对农业生产具有直观性影响。根据FAO（2013）对农业机械化的描述，农业机械化不仅在农业生产层面由农户使用农业机械，而且还需要涉及机械的生产、进出口、销售、使用和技术支持等上中下游供应链，以及政府、机械制造商和销售服务者、消费者等各个主体（见图2－1）。因此，农业机械化涉及的范围相当广泛，本书仅针对农业生产过程以及农村发展中的农业机械化过程的影响进行分析。

农业生产中使用的农业机械主要包括涉及农业产前、产中和产后各环节的农地耕作机械、农田建设机械、农业植保机械、农业排灌机械、农作物收获机械以及农产品运输机械等各种机械。我国在2004年发布的《中华人民共和国农业机械促进法》中对农业机械的定义较为宽泛，除了包括用于农业生产的机械或设备，还包括用于农产品初级加工等相关农事活动的机械或设备。在

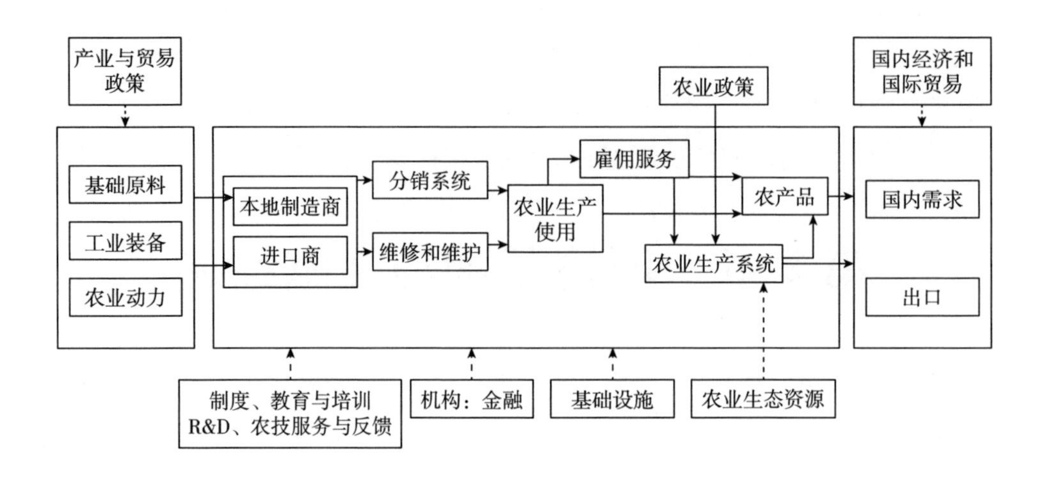

图2-1　农业机械化系统

资料来源：FAO（2013）。

FAO（2013）针对农业机械化发展的报告中，农业机械化则被定义为农业生产以及生产相关活动中对不同类型农业机械的应用、维护。在一些国家例如非洲地区，其农业机械主要以拖拉机为主，因此农业机械化也被称为“拖拉机化”。在本书中，农业机械化包括宏观层面和微观层面。在宏观层面，由于数据的加总属性，本书分别采用农业机械总动力、总数量以及农业机械投入来反映农业机械化。在微观层面，由于现实农业生产实践中农户对农业机械使用的具体行为存在较大差异，下文将对农户农业机械使用的概念作进一步界定。

第二，农业机械使用。农业机械化的最终落脚点是农户在农业生产中的使用行为，只有促进农户农业机械使用，才能最终提升整体机械化水平，促进农业机械化发展。借鉴Ma等（2018）、Zhang等（2019）和Paudel等（2019）的研究，本书采用农户在农业具体生产环节中的农业机械使用情况作为农业机械化的指标。具体而言，本书分别以农户在耕整地和农药施用环节的农业机械使用行为作为分析对象，考察其各自对农业生产的影响。此外，考虑到农户层面综合生产多种农产品的现实以及克服异质性生产环节的加总偏误，本书还采

用了三个互斥的农业机械化生产模式（包括无机械生产、半机械生产与全机械生产）来反映农户层面的农业机械化情况。

第三，农业生产效应。农业机械使用始终贯穿于整个农业生产过程中，其对农业生产要素投入和农业产出具有不可忽视的影响。在本书中，将农业机械使用对农业投入和产出的影响定义为农业生产效应。其中，农业生产要素投入是农业产出的基础，理性农户通过对农业生产要素投入进行合理安排来提高土地产出，获得最大化收益。在本书中，农业生产要素投入主要以农业劳动力投入和农药投入为代表。其中，农业机械对农业生产或农村发展最直接的影响就是可以节约农业劳动力投入，而农业劳动力投入又是观察刘易斯二元经济转型的核心指标，对农村和城市经济发展具有重要的现实意义（蔡昉，2017b）。农药投入作为农资投入的核心项目，其具有更广泛的外部性效应，农药的过量和不当使用威胁着自然环境和人类健康。因此，降低农药使用量已经成为现代农业政策的重要目标之一。考察农药投入的影响因素和可行减量措施具有重要的现实意义，不仅有利于降低农药投入成本，还有利于保护自然环境、保障人类健康。

农业产出的高低不仅关乎农户自身收益，而且对国家粮食安全具有重大影响。根据农户农业生产现实，本书采用粮食产量和土地生产率作为农业产出的衡量指标。一方面，由于粮食产量高低是保障我国粮食安全的关键指标，而玉米又是三大主要粮食中种植面积最大、产量最高的粮食品种。因此基于粮食安全视角，本书采用玉米产量作为衡量农业产出的指标。另一方面，基于现实中农户作物种植的多样性，为全面考察农业机械使用对种植业产出的综合影响，本书采用种植业土地生产率来反映农业产出。具体而言，本书采用单位面积上种植业产出总价值作为土地生产率的衡量指标。

2.2 理论基础

2.2.1 诱致性技术进步理论

速水佑次郎－拉坦诱致性技术进步模型是分析农业技术变迁的重要理论之一（Hayami 和 Ruttan，1970），其内涵是将农业技术进步视为内生性技术变化，这一点与标准的新古典经济学中外生性技术进步理论不同。诱致性技术进步理论认为生产要素丰裕度变化引致要素相对价格变化，理性的经营者会通过市场机制来调整要素投入结构，使用丰裕度较高、相对价格较低的要素替代丰裕度较低、相对价格较高的要素。2004 年，我国逐步进入“刘易斯转折区间”，劳动力成本不断上升，引致农户采用节约劳动型的农业机械来替代劳动力，降低农业生产成本。根据速水佑次郎－拉坦诱致性技术进步模型，在农业生产中采用农业机械替代劳动力的农业机械化过程可以在图 2－2 中体现。

在图 2－2 中，假定农业部门在短期等产量曲线 I_1 上进行农业生产，同时劳动力和土地的替代弹性不足，替代空间有限。假定农业生产的创新可能性曲线 IPC_1 与短期等产量线相切于短期均衡点 A。随着农业劳动力非农转移，农业劳动变得稀缺，其对应价格将会上升，相应的要素价格比从 P_1 变动到 P_2。在此背景下，理性农户在短期内为保持产出不变，将会通过要素替代的方式沿着等产量曲线 I_1 从点 A 移动到点 B。这一变动是农户在短期内为应对劳动力价格上升进行的初步农业生产调整。一方面，由于临时均衡点 B 所代表的生产技术并没有处于创新可能性曲线 IPC_1 上，农户生产技术落后而导致农业生产相对效率下降；另一方面，随着生产要素相对价格的变动，在研发市场上将会引致人们研究开发更多劳动节约型的工艺。科学研究和技术开发的活动将促使

创新可能性曲线 IPC_1 从原点向外推至新的前沿即创新性可能曲线 IPC_2。这里假定生产工艺的变化属于中性技术工艺变动，即 IPC_1 平行移动至 IPC_2。

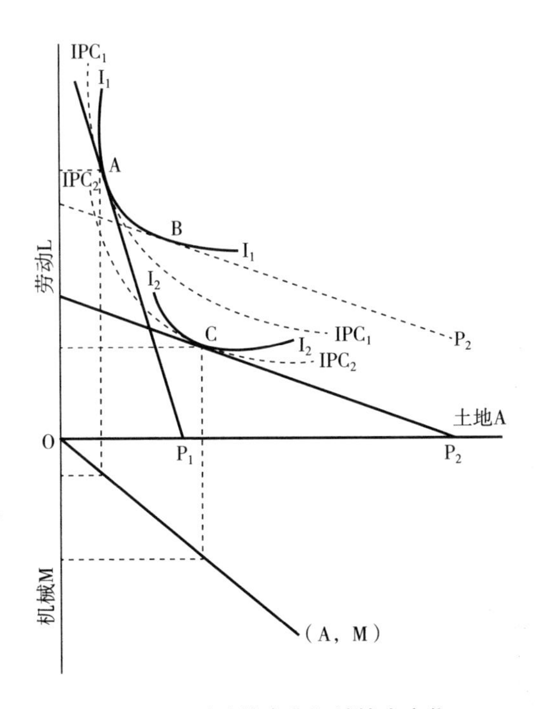

图2－2　诱致性农业机械技术变化

在新的生产工艺和技术水平（IPC_2）下，农业生产的新均衡将在新的短期等产量曲线 I_2 与 IPC_2 的切点C上实现。其中工艺变化的路径可以用从原点出发的射线（A，M）来表示。射线（A，M）实际上是农业机械与土地的组合集，表示随着农业生产中对劳动节约型技术的不断采用而引致的农业机械与土地要素组合变动过程。

诱致性技术进步理论并不直接比较要素价格，从而避免了对农业机械或农业劳动力等要素价格的度量误差。在该理论中，引入农业机械作为间接手段，使农户面临要素相对价格变动而试图转向均衡点B时，由于生产工艺变化而最终引致农户在C点实现最终均衡。根据图2－2可知，在等数量的土地上，农户可以投入更少的劳动力来维持产出。

2.2.2 Barnum – Squire 农户模型

在家庭经济学的基础上，Barnum 和 Squire（1979）建立了更加具有实践性意义的农户模型。在 Barnum – Squire 农户模型中，理性的农户会依据家庭特征（例如家庭规模和家庭结构等）和外部市场环境（例如产品价格、要素投入价格、可用生产技术等）的变动而做出合理的反应或决策。农户在进行家庭决策时，Barnum 和 Squire（1979）假定：第一，存在一个外部劳动力市场，可以在给定的工资水平供给或雇入劳动进行生产；第二，农户的家庭耕地规模在研究观察期内保持不变；第三，农户的生产和消费决策具有合一性，并通过消费产品或服务的数量多少来实现家庭效用最大化；第四，农户通过生产和出售农产品来购买所需工业品，农户需要在生产和消费的产品量之间权衡；第五，不考虑农户风险行为即不存在不确定性。

基于以上假定，农户的家庭效用可以表示为：

$$U = U(C,\ T_l;\ A) \tag{2-1}$$

其中，U 表示农户家庭效用方程，满足单调递增、严格凹性，并连续二阶可导等性质；C 表示农户消费的产品或服务；T_l表示农户分配到闲暇消费的时间；A 表示一系列农户家庭特征变量（例如农户的人力资本积累、农户规模等）。方程（2-1）表示农户效用决定于商品或服务以及闲暇的消费量和家庭特征的影响。

农户需要在农业生产劳动 T_f、雇佣劳动 T_h以及闲暇劳动 T_l之间进行分配，其面临的约束条件如下：

$$T = T_f + T_h + T_l \tag{2-2}$$

方程（2-2）中 T_f和 T_l满足非负性。$T_h > 0$ 表示雇入劳动，$T_h < 0$ 表示雇出。此外，农户还面临着收入约束：

$$P_g C = P_Q Q - P_M M - P_X X + W_h T_h + V \tag{2-3}$$

其中，P_g和 C 分别表示购买商品或服务的价格和数量；P_Q和 Q 分别表示

农产品的价格和数量，P_M 和 M 表示农业机械投入价格和数量，P_X和 X 表示农业生产要素投入价格向量和数量；W_h表示市场工资水平，V 表示包括转移支付、租金等其他收入。一般而言，农户依赖于现有的农业技术进行农业生产，其生产技术约束条件如下：

$$Q = Q(M, X, T_f, T_h; R) \tag{2-4}$$

在方程（2－4）中，Q、M、X、T_f和 T_h的定义如上。R 为影响农业产量曲线移动的外生环境变量。

基于以上各个约束方程，农户家庭效用最大化的拉格朗日乘数函数可以表示如下：

$$\mathcal{L} = U(C, T_l; A) + \lambda(T - T_f - T_h) + \eta[P_Q Q(M, X, T_f, T_h; R) - P_M M - P_X X + W_h T_h + V - P_C C] \tag{2-5}$$

其中，λ 和 η 分别表示劳动约束和生产技术约束的拉格朗日算子。在 Kuhn－Tucker 条件下，农户家庭效用最大化需要满足以下一阶条件：

$$\frac{\partial \mathcal{L}}{\partial T_f} = -\lambda + \eta P_Q \frac{\partial Q}{\partial T_f} = 0 \tag{2-6}$$

$$\frac{\partial \mathcal{L}}{\partial T_h} = -\lambda + \eta W_h = 0 \tag{2-7}$$

基于方程（2－6）和方程（2－7），可以求出均衡条件下，农户投入农业劳动的回报率或劳动边际产品应等于农户雇出劳动的市场工资水平，即：

$$W_h = \lambda/\eta = P_Q \partial Q/\partial T_f \tag{2-8}$$

其中，$\lambda = \partial\mathcal{L}/\partial T_f$和 $\eta = \partial\mathcal{L}/\partial C$，表示劳动时间（闲暇）和商品或服务之间的边际替代率。在农业生产决策中，农户的目标最大化农业生产报酬。根据拉格朗日对偶理论（Lagrangian Duality Theory），在生产技术的约束性方面，农业生产收益最大化方程可以表示如下：

$$\pi = Max(P_Q Q - P_M M - P_X X - W_h T_f - W_h T_h + V) \tag{2-9}$$

方程（2－9）可以进一步被表示为农业生产投入要素和产出价格、劳动市场工资、雇入（出）劳动以及外部市场环境特征等因素的方程：

$$\pi = \pi(P_Q, P_M, P_X, W_h; A) \tag{2-10}$$

针对方程（2－10），应用 Hotelling 引理可以计算出农业机械要素和农业其他生产要素的投入方程和农业产出方程如下（Ma 等，2018）：

$$\frac{d\pi}{dP_M} = -M = M(P_Q, P_M, P_X, W_h; A) \tag{2-11}$$

$$\frac{d\pi}{dP_X} = -X = X(P_Q, P_M, P_X, W_h; A) \tag{2-12}$$

$$\frac{d\pi}{dP_Q} = Q = Q(P_Q, P_M, P_X, W_h; A) \tag{2-13}$$

方程（2－11）、方程（2－12）和方程（2－13）分别表示农业生产中对农业机械投入、农业其他生产要素投入和农业产出都会受到市场价格、工资水平、家庭以及生产特征的影响。

这里需要指出的是，Barnum－Squire 农户模型中的生产和消费决策是相互独立的，且具有递归性质。在实际研究应用过程中，生产和消费问题可以依次进行分析。在本书中，重点关注的是农业生产过程中，农户对农业机械的选择和使用行为，以及农业机械使用对农业生产投入和产出的影响。根据Barnum－Squire 农户模型的推导过程，可以发现农业机械使用受到一系列内外部环境因素驱动，并对农业生产的其他投入以及产出具有影响①。

伴随着农业机械化在全球范围内的快速发展，国内外学者都对农业机械化的影响因素，以及农业机械化对农业生产和农村发展的影响进行了广泛的分析。其研究主题可以分为以下三类：①农业机械化进程研究。具体包括农业机械化路径与模式、农业机械化的影响因素等。②农业机械化对农业生产的影响研究。具体包括农业机械化对劳动替代、要素投入等的影响。③农业机械化对

① 限于价格数据的可得性且采用影子价格等方法间接度量又存在较大误差，本书对农户农业机械使用行为及其生产效应分析中借鉴 Ma 等（2018）、Kousar 和 Abdulai（2016）的做法，并未控制价格因素的影响。如此处理对实证分析具有一定的合理性，且对实证分析的结果影响较小。其原因在于：第一，针对近似完全竞争市场上的小农户农业生产而言，市场价格为外生变量；第二，本书分析数据基础主要为横截面调查数据，价格水平在同一地区内保持一致的，就可以被地区固定效应所控制。

农业产出增长的影响研究。具体包括农业机械化对农户农业收入、粮食产出的影响。下文将从这三方面展开，进行具体分析。

2.3　农业机械化发展研究

2.3.1　农业机械化的衡量及相关指标

对农业机械化的衡量及其相关指标核算是研究农业机械化发展及其对农业生产影响的基础。正如前文针对农业机械化概念的定义，不同的学者在分析农业机械化的影响因素时，采用指标和数据各异，其结论也不一致。

第一，采用总量指标衡量农业机械化，例如农机总动力、农机数量、农机净值或投入等总量指标（鲍洪杰等，2012；张宗毅等，2014；周晓时，2017；李谷成等，2018；Qiao，2017；Zhou 等，2018）。例如，Lai 等（2015）分析了2007 年来自湖北和山东两个省份 19 个村 550 户农户数据发现，农户拥有的农业机械动力对土地细碎化有显著的负向影响。Wang 等（2018）发现土地细碎化倾向于减少农户农业机械投入。但总量指标并非一个好的代理变量，原因如下：①农业生产高度复杂，不同地区、作物和生产环节之间所采用的机械类型、规格和功能不尽相同，难以统一衡量。②农业机械化系统比较复杂，其生产、使用、售后等都需要基础条件支持，并可用于非生产性运输等，“农业机械台数”和“农业机械动力”并非农业机械化的本质指标（侯方安，2010；曹阳和胡继亮，2010；杨进等，2018）。因此，总量指标衡量的农业机械化并不能捕捉到农户农业机械实际使用过程中的具体情况，其反映的更多是农业机械化的偏效应而非全部影响（Zhou 等，2018）。

第二，采用农业机械作业比率衡量农业机械化，包括机耕率、机播率、机收率以及农作物“耕种收综合机械化率”等指标（周振等，2016a；周晓时和李谷成，2017；Li 等，2017；Zhou 等，2018）。例如 Li 等（2017）一项关于中国土地流转租赁政策对农业机械使用率的研究发现，土地流转租赁政策促进了农户农业机械使用率的提高。虽然农业机械作业比率可以解决利用农业机械动力、数量或投资指标时由于农机服务所带来的外溢效应估计偏差，但该指标也同样有自身缺陷。具体来说，以农业机械作业比率仅能控制某一个或某几个生产环节的农业机械化情况，即使是农作物“耕种收综合机械化率”也仅控制了耕、种和收三个生产环节，且三个环节机械化比率权重（分别为 0.4、0.3 和 0.3）设定较为主观①。

第三，采用某一生产环节或整个生产过程中农业机械使用的二元状态变量衡量农业机械化，例如在作物收获环节使用农业机械，利用机械进行植保等（Ji 等，2012；Ma 等，2018；Mottaleb 等，2016；Zhang 等，2019；Takeshima，2018）。这一指标的优势在于核算方式简单，而劣势在于其无法针对农业生产中不同环节的机械需求异质性进行分析。Binswanger（1986）和 Pingali（2007）根据不同农业生产环节的动力需求，将不同生产环节中的农业机械化划分为动力密集型（Power Intensive）和控制密集型（Control Intensive）。前者需要投入更多的动力来进行生产，对机械化的需求程度最高，例如耕整地、脱粒和灌溉等。后者即控制密集型环节，则更侧重于对农作物的生产管理操作，机械化的难度较高，例如育种、植保等。考虑到农业生产多环节和复杂生产属性，对个别关键生产环节例如产前耕整地环节的机械化进行分析，有利于准确估计其相应的影响，并为现实生产提供更具针对性的建议。需要注意的是，以农户自报告是否或有无等二元变量衡量农户整体农业生产中的农业机械化时，将会加剧农户误报（Misreporting）和误分类（Misclassification）风险，不利于

① 农作物耕种收综合机械化率 = 机耕率 ×40% + 机播（栽、插）率 ×30% + 机收率 ×30%。其中，机耕率指机耕面积占各种农作物播种面积中应耕作面积的百分比，农作物播种面积中应耕作面积等于农作物播种面积减去免耕播种面积；机播（栽、插）率指机播（栽、插）面积占各种农作物播种总面积的百分比；机收率指机收面积占各种农作物收获总面积的百分比。

准确衡量农业机械化的生产效应（Engel，2015；Wossen等，2018；Nguimkeu等，2019）。

2.3.2 农业机械化的影响因素研究

现有文献针对农业机械化的影响因素分析主要从农业生产条件、农户家庭特征和外部市场环境三个方面展开。其中农业生产条件是农业机械化的基础，良好的生产条件（例如平整的土地）为农业机械化提供了便利。而农户作为农业机械使用的主体，农户家庭特征在其农业机械使用决策中起着至关重要的作用。而外部市场的政策补贴、生产要素价格和农机服务供给也深刻影响着农户农业机械使用行为。

第一，农业生产条件具体又可以分为地形特征、土地细碎化、农地经营规模、种植结构（周晶等，2013；曹阳和胡继亮，2010；张宗毅等，2009；林万龙和孙翠清，2007；Lai等，2015；Wang等，2018）。

地形特征对农业机械化的影响。周晶等（2013）、曹阳和胡继亮（2010）、张宗毅等（2009）分别通过将地形变量纳入回归方程中，实证考察地形特征对农业机械化的影响。例如周晶等（2013）基于湖北省县级面板数据研究发现农地形条件对农业机械化水平具有显著影响，地形特征对农业机械化水平地区差异的解释程度达35%~50%，山地地形限制了农业机械化在田间的可达性和作业便利性，提高了农业机械化作业成本。而李琴等（2017）通过对南方五省份稻农地块的微观农户数据，采用固定效应模型分析了地块特征对稻农农业机械化利用的影响，并发现地块特征通过地块零碎化、土壤质量、基础设施便利性和地块来源来影响农业机械使用。郑旭媛和徐志刚（2017）采用分省份面板数据结合卫星遥感耕地坡度数据发现，地形条件是影响农业机械化发展速度的重要因素。

土地细碎化对农业机械化的影响。传统观点认为耕地细碎化提升了农户农机作业成本，降低农机作业效率，不利于农业机械化的发展。通过土地流转降低土地细碎化程度，促进土地连片规模经营可以有效促进农业机械化发展（Tan 等，2008；Wang 等，2016；Wang 等，2018）。例如 Wang 等（2018）通过中国 6 个省份 951 户农户调研数据分析发现，单位地块面积和土地细碎化显著约束了农业机械化的发展。Tan 等（2008）发现在水稻生产中，代表土地细碎化的辛普森指数（Simpson Index）每增加 0.01 将会带来劳动成本增长 0.42%，同时拖拉机等机械投入会减少 0.33%。但侯方安（2008）通过分省份面板数据研究发现，家庭联产承包责任制造成的农地细碎化或农地规模缩减并未对农业机械化产生严重的负面影响。王水连和辛贤（2017）通过对甘蔗种植户的数据分析发现，只有平均地块面积在 10 亩以下时，土地细碎化对农业机械化的负向影响才具有统计显著性。

农地经营规模对农业机械化的影响。由于农业机械在物质装备层面的规模属性，其对农地规模有一定的门槛要求。例如林万龙和孙翠清（2007）、张宗毅等（2009）基于全国省级面板数据发现土地规模经营规模显著促进农业机械化发展。这一发现还在另外一些截面或时间序列数据分析中得到支持（杨敏丽和白人朴，2004；陈宝峰等，2005；侯方安，2008；蔡键等，2016；彭继权和吴海涛，2019）。例如彭继权和吴海涛（2019）基于 2016 年湖北省农户调查数据，利用反事实分析框架发现通过土地转入扩大经营规模可以显著提高农户的农业机械化水平，反之通过流出土地缩减规模将会降低农业机械化水平。然而，部分学者并不认可土地规模是限制机械化的关键因素（刘凤芹，2006；曹阳和胡继亮，2010；Yang 等，2013；张露和罗必良，2018；方师乐等，2018）。随着具有可细分性特征的农业机械社会化服务发展，在一定程度上有效缓解了土地规模约束，使小农户在狭小的农地规模上也可以实现农业机械化生产（张露和罗必良，2018）。例如曹阳和胡继亮（2010）通过 17 个省份的微观农户调研数据发现，土地规模经营既不是农业机械化的充分条件，也不是必要条件，家庭承包责任制下的小农户经营可以通过农业机械化服务来实现与机械化农业发展模式相容。

粮食播种比例等种植结构因素对农业机械化的影响。Van den Berg 等（2007）指出种植结构对农业机械化水平具有重要影响，这主要是由于在同等农业机械技术条件下，不同作物生产实践对农业机械的适应程度存在差异。例如，提高小麦播种面积比重有利于农业机械化（刘玉梅和田志宏，2008），而提高水稻播种面积比重对农业机械化水平具有显著的负向影响（张宗毅等，2009）。

第二，农户家庭特征是农户进行农业生产决策的基础，是农户使用农业机械的重要影响因素。具体来说，农户家庭特征对农业机械化的影响因素主要包括家庭劳动力禀赋、外出务工状态、家庭收入水平等因素。

劳动力禀赋对农业机械化的影响。农户的劳动力禀赋对农业机械化影响是学者关注的重点。由于农业机械属于典型的劳动替代技术，其发展水平不可避免地受到农户劳动力禀赋的影响。例如刘玉梅等（2009）、刘玉梅和田志宏（2008）、蔡键等（2017）分别发现农户家庭人口数量对农业机械化水平具有显著的正向影响，但具体到农业生产中的劳动力禀赋，陈宝峰等（2005）、纪月清和钟甫宁（2011）发现家庭农业劳动力数量对农业机械化水平具有显著的负向影响。

劳动力非农务工或外出就业对农业机械化的影响。一般而言，劳动力转移带来劳动损失效应（Lost - Labor Effect）和非农收入效应（Income Effect），前者有利于促进农户采用农业机械替代劳动，后者将会增加农户收入进而缓解农户技术采纳的资金约束，两者共同影响农户农业机械化生产决策（Aryal 等，2019；侯方安，2008；刘玉梅和田志宏，2009；纪月清等，2013；颜廷武等，2010；周晓时，2017）。例如周晓时（2017）通过分析省级层面面板数据，发现农业劳动力转移对农业机械化进程有显著促进作用，农村劳动力转移或农业劳动力占总劳动力比重每下降1%可以促使农机总动力增长1.85%。但部分学者并不认同上述结论，他们的研究发现劳动力转移对农业机械化的影响并不显著或依赖于一定的外部条件假设（展进涛和陈超，2009；林善浪等，2017）。

资金约束或收入水平对农业机械化影响。由于农机投资具有一定资金门槛，农户投资农业机械经常面临着资金约束，农户收入提升将会显著地促进农户采用农业机械化生产（刘玉梅等，2009；曹阳和胡继亮，2010；吴昭雄等，2013；Mottaleb 等，2017）。例如吴昭雄等（2013）采用 2000 ~ 2012 年湖北省农户调研数据，研究发现农民人均纯收入对户均农业机械化投资均具有显著影响。曹阳和胡继亮（2010）基于 17 个省份微观农户抽样调查数据，同样发现了农民收入提高对农业机械化的显著促进效应。

第三，外部市场环境是农业机械化的重要影响因素。针对农业机械化发展而言，外部市场环境主要包括农机购置补贴政策、农业机械化服务市场、劳动力成本等因素。

农业机械购置补贴对农业机械化的影响。由于农业机械投资门槛较高，大多数国家出台了农机补贴政策来缓解农户农机投资，促进农业机械化发展（张宗毅等，2009；曹阳和胡继亮，2010；吕炜等，2015；周振等，2016a；FAO，2013；潘彪和田志宏，2018；Takeshima 等，2018）。通过对宏观省级层面数据的分析，张宗毅等（2009）、曹阳和胡继亮（2010）相继发现，农机具购置补贴政策显著提升了农业机械化发展水平。这一结论在微观农户层面同样被验证，例如曹光乔等（2010）基于江苏省水稻种植户的微观调查数据，发现农机购置补贴政策提高了稻农购买农机具的比例，并刺激了农机服务市场的规模扩张。

农机服务对农业机械化进程的影响（Ji 等，2012；Yang 等，2013；蔡键和唐忠，2016；方师乐等，2018；Aryal 等，2019）。由于小农生产规模的细碎化和农机购置成本高昂，大规模农机投资并不适用于小农户生产实践。Ji 等（2012）和 Wang 等（2016）指出，我国农民使用农业机械的主要来源是农机服务市场和农户自购农机。Yang 等（2013）通过对来自江苏省沛县的一个案例进行分析发现，正是以农业机械跨区作业为代表的农业机械化服务缓解了小农户的规模约束，促进了我国农业机械化的快速发展。方师乐等（2017）进一步采用更严格的空间杜宾模型分析了农机跨区作业服务的跨纬度空间溢出效应，发现农机跨区服务可以显著提高农业机械化水平，并对谷物产量产生空间溢出效应。

劳动力成本上升对农业机械化的影响（Wang 等，2016;）。例如 Wang 等（2016）通过利用一阶差分模型分析省级面板数据，发现劳动力非农就业工资上涨显著推动了农业机械化发展。基于微观农户视角，周晓时（2017）在利用滞后阶项控制内生性的基础上，发现劳动力成本上升背景下农村劳动力转移显著提高了农业机械化发展水平。

2.4 农业机械化对农业要素投入的影响研究

关于农业机械化对农业要素投入的影响，国内学者大多从要素替代弹性角度分析农业机械使用对劳动力、化肥、农药等投入要素的替代效应（尹朝静等，2014；郑旭媛和徐志刚，2017；王欧等，2016；闵师等，2018）。例如，王欧等（2016）基于农业部农村固定观察点 2003～2014 年形成的农户面板微观数据，采用超越对数生产函数分析了农业机械和劳动投入的技术替代弹性，发现机械与劳动的关系存在时空差异。但以上分析多属于要素投入数量的结构比例核算，且依赖于具体的生产函数形式设定。

部分学者通过相关分析或因果分析方法考察了农业机械化对某项或多项农业投入的影响，其中又以对劳动力投入的影响分析为主。已有文献发现农业机械化显著节约了农业劳动力投入，并促进了劳动力非农就业（祝华军，2005；Ji 等，2012；刘同山，2016；周振等，2016a；周晓时，2017；李谷成等，2018；Ma 等，2018）。例如在宏观层面，李谷成等（2018）通过中介效应模型，发现农业机械动力增长可以显著促进农业劳动力转移，并进而促进农户收入增长。周振等（2016a）则利用农作物耕种收综合机械化率作为农业机械化的代理指标，发现农业机械化是农村劳动力转移增长的主要推动因素，对1998～2012年农村劳动力转移的贡献度为21.6%。除此之外，在微观农户层面，Ma等（2018）通过中国三个省份的调研数据发现农户农业机械使用与农户非农就业存在联立关系，并且显著相关。然而在2016年的FAO关于非洲机械化发展的报告中指出，在非洲部分地区，农业机械使用提升了农业生产密度（Agricultural Intensification），在更大程度上反而促进了农业劳动力需求的增长。在实证经验上，Ji等（2012）采用安徽省调研数据发现在存在外部农机服务市场的情况下，农户农机投资行为并不利于劳动力转移。文献中存在的结论不一致问题，很大程度与模型中内生性处理相关（周振等，2016a）。

但是，现有文献针对农业机械化对劳动力以外要素投入的影响分析还相对缺乏（Takeshima等，2013；Zhou等，2018；Ma等，2018；Zhang等，2019）。这在一定程度上是受数据的限制，即缺乏农户其他要素投入过程中的农业机械使用情况数据。除此之外，基于已有文献研究，可以发现关于农业机械化对农业生产中各要素投入的影响还存在一定的争议。例如，Zhang等（2019）指出当前文献中并未发现有人研究农业机械使用对农药投入的影响，并首次通过分析中国微观农户数据，发现农业机械使用可以显著促进农药使用效率提升，降低了农药投入。但是在一项针对加纳农户的研究中，Takeshima等（2013）发现拖拉机使用与要素投入，例如化肥等化学投入密度具有显著的正相关关系。

2.5 农业机械化对农业产出的影响研究

传统认为农业机械一般仅具有对劳动力等要素的替代效应，而对产出的影

响不明显。但在现实中，农民通过使用深耕深松机和农业植保机械提高土地质量，使用耕种和收获机械提高抢种抢收过程的效率，减少要素错配，有力地促进了粮食产出的增长（Ellis，1993；Rahman 等，2011；Benin，2015；周振等，2016a；Han 等，2018；周振和孔祥智，2019；Paudel 等，2019）。例如 Clarke（2008）估算，平均而言，使用农业机械进行生产，产出的食物可以养活 15 个人，而采用畜力仅能够提供 6 个人的食物。而在一项关于加纳的研究中，Benin（2015）发现农户使用农业机械化服务同样可以显著促进农业产出增长。在通过内生转换模型控制内生性问题后，Paudel 等（2019）通过对尼泊尔水稻种植农户进行随机抽样分析发现小型耕整机的使用可以显著提高小麦生产率，平均每公顷可以增长 27%（约 1100 千克）的产量。根据中国农业部的实地测验数据，在相同的施肥量水平上，采用农业机械深施基肥可以增产 5%～10%；在水稻生产中，相对于人工插秧，采用机械插秧可以使水稻产量每亩增加 50 千克；在保持同等的生产条件下，水稻、小麦、玉米生产的全程机械化可实现节种增产减损的综合增产能力分别为每亩 53 千克、37 千克、72 千克①。

此外，农业机械化还可以通过影响农业种植结构来影响农业产出（杨进等，2018；李昭琰和乔方彬，2019；钟甫宁等，2016；张宗毅等，2014）。例如李昭琰和乔方彬（2019）以及钟甫宁等（2016）一致发现农业机械化可以显著促进劳动密集型农作物播种面积的减少。张宗毅等（2014）则进一步通过单位面积劳动投入和生产规模变化指标的分析发现，农业机械化对劳动力转移带来的农业生产的劳动缺口具有显著的弥补作用，有力保障了中国粮食安全。此外，农业机械化不仅对本地区粮食生产具有正向促进作用，还会通过跨区作业对其他地区粮食产出具有显著的正向影响（高鸣和宋洪远，2014；伍骏骞等，2017；方师乐等，2017；罗斯炫等，2018）。

---

① 详见中国农业农村部网站：http：//www.moa.gov.cn/zwllm/zwdt/201011% 20/t20101110_1698014.htm。

2.6 本章小结

通过梳理已有关于农业机械化的相关研究，可以发现农业机械化对我国的农业生产产生了革命性影响（焦长权和董磊明，2018）。农业机械化的相关研究内容主要集中于衡量农业机械化发展水平、分析农业机械化的宏微观影响因素、评估农业机械化对农业生产的影响等方面。基于以上文献综述，本书发现当前研究中还存在着以下几方面不足：

第一，现有文献衡量农业机械化的指标和数据存在不一致。虽然有学者注意到了目前农业机械化指标度量上的差异，他们利用因子分析或主成分分析方法来构建综合评价体系（杨敏丽和白人朴，2004；郭姝宇和杨印生，2013；呙小明等，2012；李泽华等，2013；赵琨，2014；卢秉福等，2015），但因为采用样本、数据结构、选取指标等方面存在差异，加上评价方法上的缺陷，不同学者之间的认识并不统一，甚至相左，使其所谓综合指标仍旧缺乏可比性。由于农业生产环境的复杂性，不同的农业机械化指标各自具有自身的优势和劣势，需要针对具体问题进行具体分析，这是准确评估农业机械化影响的关键。

第二，现有文献在实证分析中对农业机械使用变量的内生性考虑不足。由于农业机械化在农户层面是一个自选择过程（Self - selected Process），其受到农户自身可观测的家庭或生产特征以及不可观测的能力等因素共同影响，如果不对这一自选择偏误加以控制，将会造成模型估计的选择性偏误问题（周振等，2016a；Ma 等，2018；Zhang 等，2019）。此外，由于农业机械化与农业劳动力的相互关联，在分析农业机械化与农业劳动力投入关系时存在着互为因果的内生性问题。现有文献中较少有作者对以上内生性问题进行控制（周振等，2016a），其估计结果仅能反映变量间的相关关系，在进行效应评估时将存

在一定程度的偏误，而据此提出的政策建议存在潜在的误导性。

第三，当前农业机械化对产出的异质性效应关注不足。首先，部分文献忽视了农业机械化对土壤质量的改善和抢种抢收过程的效率提升，认为农业机械一般仅具有针对劳动力等要素的替代效应，而对产出影响不明显。其次，现有文献中大多假定农业机械化对不同农户的农业产出效应是同质的，忽视了农户间的异质性。最后，不恰当的农业机械化政策将会导致严重的不平等问题（Pingali，2007），而当前文献中缺乏对农业机械化的产出影响公平性的关注。

第3章　中国农业机械化发展与农业增长

自改革开放以来，中国农业生产快速发展，取得了令人瞩目的历史性成就，农业机械化在其中扮演了重要角色（焦长权和董磊明，2018）。发展农业机械化是发掘粮食生产潜力，实现节本增效和促进农业经济发展方式转变的重要抓手（彭代彦，2005；江泽林，2018）。本章基于国家统计数据，系统梳理了自1978年以来我国农业机械化发展不同历史阶段的特征和相关基本事实，并对比分析农业机械化和农业投入及产出的变动趋势，以期为判断新时期中国农业机械化发展方向提供事实依据。

3.1　农业机械化发展的阶段性特征

自改革开放以来，中国农业机械化得到了迅速发展，极大地解放了农业劳动力，并有力保障了我国的粮食安全。但不同时期的农业机械化发展趋势、发展特征与存在的问题各不相同，需要具体分析以加深对中国农业机械化发展路径的理解，优化当前农业机械化相关政策，进一步促进农业发展。参考相关学

者的研究（孔祥智等，2015；焦长权和董磊明，2018；陈义媛，2019），结合中国农业机械化发展统计数据，1978～2017 年中国农业机械化发展大致可以分为：1978～1993 年的初步发展期、1994～2003 年的平稳增长期、2004～2017 年的结构调整期共三个阶段。各阶段的主要特征如下：

第一，1978～1993 年的初步发展期，农业机械总动力持续增长，但增速不断下降。随着家庭联产承包责任制的推行，农民生产的积极性得到提高，增加了农业机械投入。在这一时期，农业机械总动力不断增长（见图 3－1），但仍带有计划经济色彩，同时受制于农地经营规模的细碎化，农业机械总动力增速不断下降（孔祥智等，2015）。

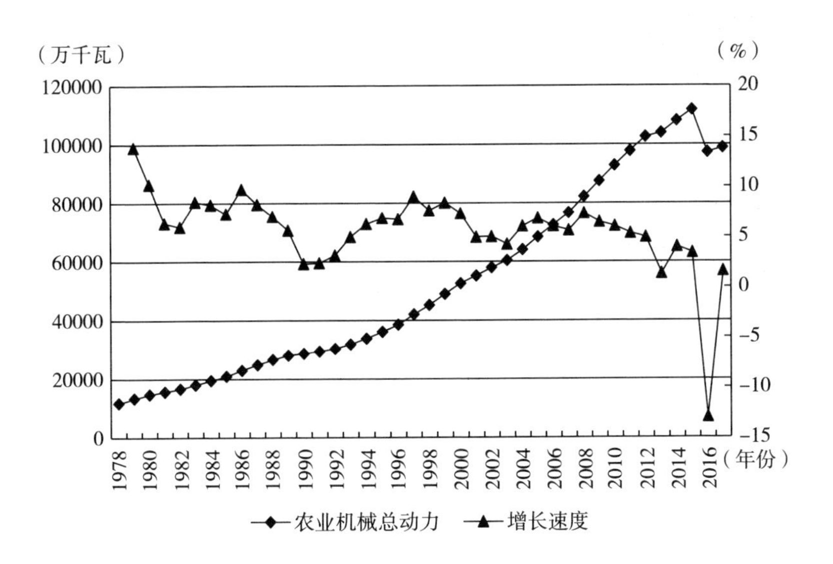

图 3－1　1978～2017 年中国农业机械总动力发展趋势

1978 年家庭联产承包责任制在全国广泛推行之后，原有“三级所有、队为基础”的人民公社体制经营主体被以家庭为单位的农业经营主体所替代，在体制变动的冲击下原有的大中型机械难以满足小农户现实生产需要，导致农业机械总动力增长相对缓慢，由 1978 年的 11749.9 万千瓦增长到 1993 年的

31816.6万千瓦，年均增长率为10.7%。由于家庭联产承包责任制均等性划分土地，中国农业生产呈现细碎化、小农户生产特征，在此背景下，农户对小型拖拉机及农机具需求为主要增长点。然而，农业机械总动力增速从1979年的13.9%逐年下降到1993年的5.0%。这一时期，农用大中型拖拉机总动力甚至出现了下滑，大中型拖拉机总动力也从19%的增速下降到-2.7%（见图3-2）。

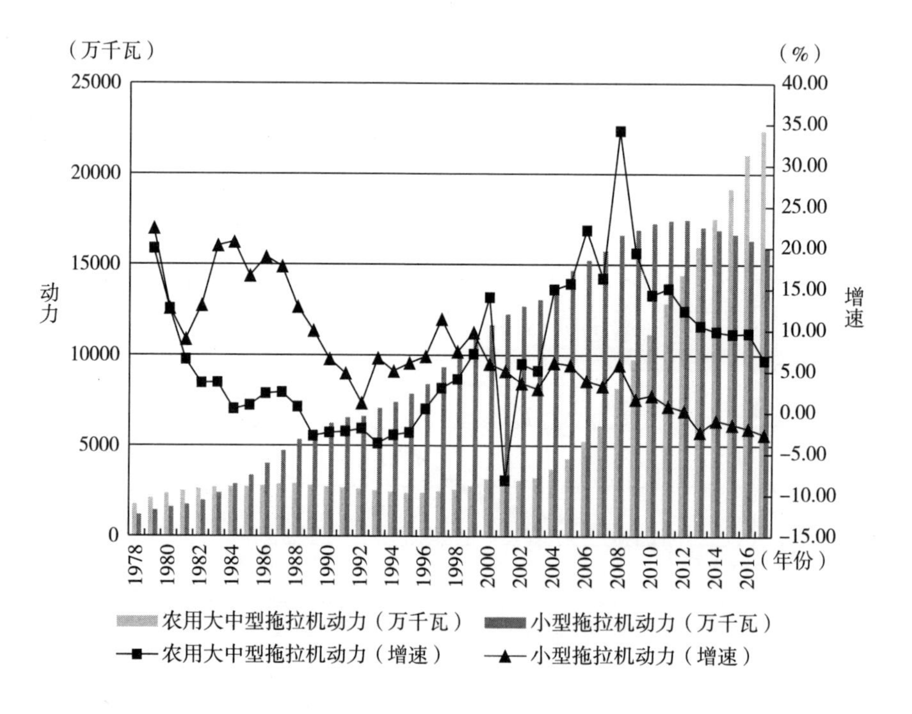

图3-2　1978~2017年中国农用大中型拖拉机和小型拖拉机动力发展趋势

在农业机械构成结构方面，小型拖拉机动力增速持续高于大中型拖拉机动力增速。小型拖拉机增幅高达5倍，从1978年的1171.22万千瓦（见表3-1）迅速增长到1993年的7042.80万千瓦，而同期大中型拖拉机只增长44.3%。

表3-1　1978~2017年主要年份大中型和小型农业机械拥有量

年份	大中型拖拉机			小型拖拉机		
	动力（万千瓦）	数量（万台）	配套农具（万部）	动力（万千瓦）	数量（万台）	配套农具（万部）
1978	1755.03	55.74	119.20	1171.22	137.30	145.40
1980	2369.27	74.49	136.90	1615.53	187.40	219.10
1985	2743.64	85.24	112.80	3366.97	382.40	320.20
1990	2745.50	81.35	97.40	6231.40	698.10	648.80
1995	2404.10	67.18	99.12	7848.10	864.64	957.98
2000	3161.12	97.45	139.99	11663.87	1264.37	1788.79
2005	4293.49	139.6	226.20	14660.86	1526.89	2464.97
2010	11166.99	392.17	612.86	17278.39	1785.79	2992.55
2011	12850.15	440.65	698.95	17420.97	1811.27	3062.01
2012	14436.39	485.24	763.52	17467.36	1797.23	3080.62
2013	15957.58	527.02	826.62	17065.67	1752.28	3049.21
2014	17529.27	567.95	889.64	16908.45	1729.77	3053.63
2015	19202.22	607.29	962.00	16668.48	1703.04	3041.52
2016	21057.62	645.35	1028.11	16349.43	1671.61	2994.03
2017	22398.94	670.08	1070.03	15919.79	1634.24	2931.43

资料来源：历年《中国农业机械工业年鉴》与《国内外农业机械化统计资料（1949-2004）》。

第二，1994~2003年的平稳增长期，农机作业服务发展壮大。这一时期，以农业机械跨区收获作业为代表的农机社会化服务得到发展壮大，从事农机作业服务的专业户数量从1994年的307.5万户增长到2003年的421.7万户。农民可以方便地从市场购买农机服务进行农业生产，市场导向的农机化服务显著提高了农业机械化水平。在该期间，农业机械总动力增长了78.7%，主要农作物的机耕面积、机播面积和机收面积分别增长了16.1%、44.8%和96.1%。小麦、玉米和水稻三大主粮作物跨区机收作业面积截至2003年底分别达到494.1万公顷、176.6万公顷和9.7万公顷，农机社会化服务的发展为提升农业机械化水平做出了重要贡献。

表 3 - 2　主要年份农机户、农机化作业服务专业户与农业机械贸易情况

单位：万户，万美元

年份	农机户	农机化作业服务专业户	进口金额	出口金额	贸易顺差
1978	—	—	2004.01	1597.80	-406.21
1980	—	—	6069.77	2475.12	-3594.65
1985	689.73	117.87	39739.62	2514.67	-37224.95
1990	1462.43	130.09	62310.90	15146.93	-47163.97
1995	1869.76	325.98	110279.81	43584.59	-66695.22
2000	2714.73	313.79	188429.44	91816.47	-96612.97
2005	3358.94	381.45	652709.00	556860.00	-95849.00
2010	4058.90	483.30	332434.89	529781.18	197346.29
2011	4111.08	511.73	1753525.43	2297722.31	544196.88
2012	4192.34	519.62	1466516.98	2490490.06	1023973.08
2013	4238.67	524.27	1454437.96	2685534.23	1231096.27
2014	4291.07	525.08	1581629.91	2966954.49	1385324.58
2015	4336.93	522.86	1305288.81	2840140.37	1534851.56
2016	4229.75	505.59	1209887.14	2736496.44	1526609.30
2017	4184.55	499.84	1337497.68	2975091.01	1637593.33

注：“—”表示数据缺失。

资料来源：历年《中国农业机械工业年鉴》与《国内外农业机械化统计资料（1949 - 2004）》。

1994 ~ 2003 年，农业机械总动力持续增长，年均增长率为 8.7%，从 1994 年的 33802.5 万千瓦增长至 2003 年的 60386.5 万千瓦。2000 年《联合收割机跨区作业管理暂行办法》等扶持措施的出台，加速了农业跨区作业发展，提高了农机跨区作业覆盖区域。由于农机跨区作业的作业主体设备是大中型拖拉机，随着农机跨区作业的快速发展，大中型拖拉机动力增长速度明显，到 1999 年，大中型农业拖拉机动力增速超越小型拖拉机动力增速（见图 3 - 2）。

第三，2004 ~ 2017 年的结构调整期，凸显发展质量。2004 年是中国农业机械化发展史上最为关键的一年，国家在 2004 年 6 月 25 日通过了我国历史上

第一部关于农业机械化的法律——《中华人民共和国农业机械化促进法》，随后各级地方政府和有关部门分别制定了相关的法律法规和规章制度，形成了一套完整的农业机械化法律法规体系（见图3-3）。法律和制度的完善为我国农业机械化发展提供了坚实的政策保障（孔祥智等，2015）。同时，财政部联合农业部等部委开始启动农机购置补贴政策，为提高农业机械化发展水平增添了新的强劲动力。受农机购置补贴政策影响，全国农机户数量大幅增加。2004年相对2003年增加了142.9万户农机户，到2017年，农机户规模已高达4184.6万户。

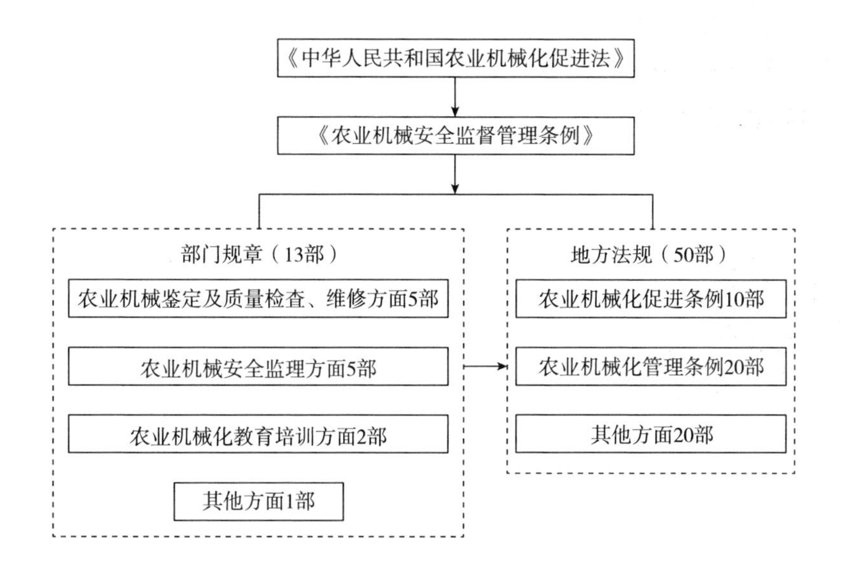

图3-3　农业机械化相关法律法规体系

资料来源：《中国农业机械化发展报告（2004-2014）》。

在此期间，由于劳动力成本的不断上升，农业劳动力由2000年的36043万人减少到2015年的21919万人，降幅为39.18%。高劳动投入成本和非农就业机会成本，进一步刺激了农户采用农业机械替代劳动投入。在这些综合因素的作用下，2012年中国农业机械总动力跨越10亿千瓦关口，达102558.96万千瓦，到2015年进一步达到阶段性的峰值111728.07万千瓦。此后，中国农业机械总动力开始增速放缓，农业机械化发展更加注重质量和效益。

在农业机械存量结构方面，2008年之后无论是大中型拖拉机还是小型拖拉机，其各自动力增速和数量增速都出现了不同程度的下滑（见图3-2）。其中小型拖拉机存量增速下跌更加明显，其动力增速和数量增速分别从2008年的5.8%和6.3%迅速下跌到2009年的1.7%和1.7%。到2013年，小型拖拉机的动力和数量同时开启负增长趋势，小型拖拉机进入去库存阶段。而大中型拖拉机动力和速度增速虽然经历了下降，但仍保持着11.9%和7.1%的年均增长率。2014年在大中型拖拉机动力存量上首次超越小型拖拉机，中国农业机械存量结构得到进一步优化，保障了大中型拖拉机的高效利用，也预示着中国开始迈入大型、规模化农业机械化发展新阶段（方师乐等，2018）。

此外，农机工业的发展与农业机械化发展相辅相成。2004~2017年，我国农业机械工业也持续做大做强，为我国农业新时期转型提供了良好的物质装备基础。以中国农业机械国际贸易为例，中国生产的农业机械在国际市场上的竞争力不断增强。自2006年中国农业机械进出口贸易净出口额由负转向正，至2009年中国农业机械国际贸易顺差高达14.2亿美元。此后中国在国际贸易中一直维持农业机械贸易顺差到2017年，此时的贸易顺差已经高达163亿美元，相比2009年增长了10.5倍之多。农业机械工业的发展趋势从侧面进一步反映了我国农业机械化已进入凸显发展质量的新阶段。

3.2 农业机械化发展与生产要素投入概况

使用农业机械进行农业生产，可以提高农业生产要素的使用效率，有助于发挥农业机械使用的节本效果（FAO，2013）。通过对比分析我国农业增长过

程中农业机械化和农业投入的变动趋势，有助于直观理解农业机械化和农业投入之间的相关关系。1978～2017年农业生产要素变动情况如图3－4和表3－3所示。

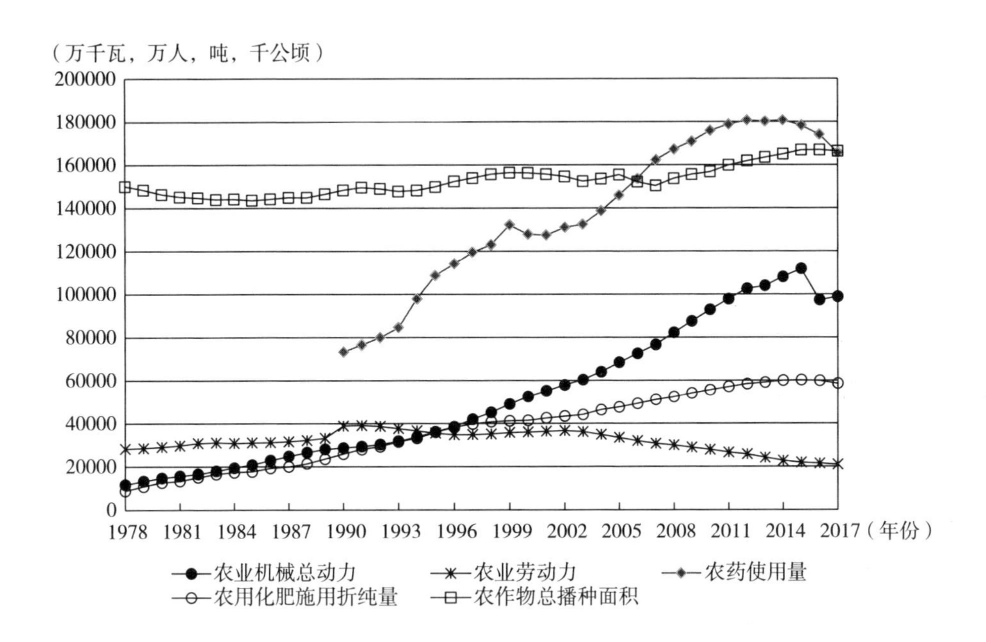

图3－4 农业机械总动力与农业生产要素投入变动趋势

表3－3 1978～2017年主要年份农业生产要素投入与农业产出变动趋势

年份	农业劳动力（百万人）	农药使用量（万吨）	化肥投入量（百万吨）	农作物总播种面积（千公顷）	粮食产量（万吨）	土地生产率（吨/公顷）
1978	283.18	—	88.40	150104.07	30476.50	9.29
1980	291.22	—	126.94	146379.53	32055.50	9.08
1985	311.30	—	177.58	143625.87	37910.80	8.21
1990	389.14	73.30	259.03	148362.27	44624.30	8.72
1995	355.30	108.70	359.37	149879.30	46661.80	7.61

续表

年份	农业劳动力（百万人）	农药使用量（万吨）	化肥投入量（百万吨）	农作物总播种面积（千公顷）	粮食产量（万吨）	土地生产率（吨/公顷）
2000	360. 43	127. 95	414. 60	156299. 85	46217. 52	7. 80
2005	334. 42	145. 99	476. 60	155487. 73	48402. 19	6. 91
2010	279. 31	175. 82	556. 17	156785. 04	55911. 31	5. 00
2011	265. 94	178. 70	570. 42	159859. 36	58849. 33	4. 52
2012	257. 73	180. 61	583. 89	161827. 40	61222. 62	4. 21
2013	241. 71	180. 19	591. 19	163453. 12	63048. 20	3. 83
2014	227. 90	180. 69	599. 59	164965. 83	63964. 83	3. 56
2015	219. 19	178. 30	602. 26	166829. 28	66060. 27	3. 32
2016	214. 96	174. 00	598. 40	166939. 04	66043. 52	3. 25
2017	209. 44	165. 50	585. 90	166331. 91	66160. 72	3. 17

注：①“—”表示缺失值；②农业劳动力采用第一产业从业人员表示；③化肥投入为折纯量。
资料来源：历年《中国农村统计年鉴》。

第一，农业劳动力投入先增后减。从图 3 -4 中可以发现，在农业机械化的初步发展期，农业劳动力投入总体保持稳步上升的趋势。相对于农业机械化在 1993 年进入快速发展阶段，农业劳动力投入下降趋势更早。农业劳动力投入在 1990 年达到了 3. 9 亿人的历史高峰之后，正式步入下降通道。1990 ~ 1993 年，农业劳动力投入减少了 1234 万人，此后在 1994 ~2001 年保持相对稳定的存量状态。但在 2002 年，农业劳动力投入开始加速下降。农业劳动力下降趋势为农业机械化提供了巨大的市场需求和推动力量。在 2004 出现“民工荒”之后，农业机械总动力对农业劳动力投入的替代进一步加速。以上分析表明，农业机械化与农业劳动力投入之间存在着相互促进的正相关关系。因此，控制两者的互为因果型内生关系是准确评估农业机械使用对农业劳动投入影响的关键。

第二，农药和化肥投入保持了长期增长趋势，但在近期开始不断下降。由图 3 -4 可知，农药和化肥等农资投入与农业机械化总动力也存在着明显的相

关关系。化肥投入在1978~2016年保持了平稳的增长趋势，这对于提升农地肥力、保障粮食生产具有显著的促进作用（Wu等，2018；Ma等，2018）。农药投入的增速则明显高于农业机械总动力的增速。整体而言，农药投入在1990~2017年呈现出三个特征化时期：

首先，1990~1999年，农药产业快速发展，在国际市场上开始逐渐拥有比较优势。在1994年农药出口量首次超过农药进口量，实现了农药国际贸易顺差。与此同时，国内农业生产中也不断增加农药投入的数量。其次，1999~2001年，农药经历了短暂的投入量下调之后，在2002再次开启快速增长渠道，并保持增长趋势到2012年。伴随着农业机械的应用范围进一步扩大，农业机械植保面积从2002年的3.6亿公顷增长到2012年的6.3亿公顷，并在此后一直保持在6亿公顷规模水平之上。农业植保机械的利用，有利于提升农药喷施效率，进而降低农药投入。最后，从2012年开始，农药投入步入下降通道。相对于化肥投入的稳定变动趋势，农药投入量的快速提升，不仅不利于农药使用效率的提高，对自然环境和人体健康也带来了较大危害（王志刚和吕冰，2009；蔡键，2014）。因此，深入考察农业机械使用对农药投入的影响，不仅有助于深入理解农业机械的节本效应，而且对环境保护和人体健康具有重要现实意义。基于此，在本书的实证分析部分将采用严格的计量经济分析框架，具体考察农业机械使用对农药投入的影响。

需要补充说明的是，以上要素投入变动并非由于农地面积变动所导致。从图3-3可以发现，中国农地经营规模在全国层面维持了基本稳定的状态。这主要是因为在中国众多人口带来的粮食安全压力下，政府出台了一系列政策保障农业生产中的农地使用，特别是“18亿亩耕地红线”的出台，不仅稳定了农业生产的农业用地面积，而且有力保障了中国粮食安全。

3.3 农业机械化发展与农业产出概况

随着农业机械的广泛应用，特别是当前深耕、深松机械的应用，可以有效增加土壤通气性和蓄水能力，提高土地土壤质量，对粮食生产具有潜在的促进效应（FAO，2013）。此外，伴随着农村劳动力不断转移，农业机械化发展能够有效填补劳动力转移后农业生产动力投入不足问题，对于保障粮食安全具有不可忽视的贡献（张宗毅等，2014）。通过对比分析农业机械化和农业产出的变动趋势，有助于直观理解农业机械化和农业产出之间的相关关系。1978～2017 年农业机械化与粮食产量、土地生产率的变动趋势如图 3－5 所示。

根据表 3－3 和图 3－5 可知，整体而言，土地生产率和粮食产量都保持了波动上升趋势，农业机械动力增长趋势与农业产出增长呈现正相关关系。但由于播种面积的减少和农业机械动力增速的下降等，多因素叠加，导致农业产出在 1999～2003 年出现了连续 5 年的产量下降。1999～2002 年，土地生产率和粮食产量从 3.3 吨/公顷和 5.1 亿吨分别下降到 2.8 吨/公顷和 4.3 亿吨。同一时期，农作物总播种面积下降了 395.8 万公顷，农业机械总动力增速从 8.4%跌至 4.3%。随着农业机械化发展在 2004 年进入调整期，加上 2006 年政府在“第十一个五年规划纲要”中明确提出“18 亿亩耕地红线”来保障农业生产用地，土地生产率和粮食产量再次步入上升渠道。其中土地生产率在 2005 年重新回到 3 吨/公顷水平，并保持持续增长接近 4 吨/公顷的历史新高。粮食产量则实现了 2004～2015 年的“十二连增”，并在此后一直稳定在 6 亿吨水平之上。

根据以上分析，农业机械化发展与粮食产量和土地生产率都呈现出明显的正相关关系。农业机械化在农业产出增长中扮演的角色不可忽视，准确评估农

业机械化的农业产出效应对于保障粮食安全、促进农业节本增效具有重要的现实意义。基于此，在实证分析部分，本书试图采用严格的计量经济学模型，进一步控制其他变量的影响，准确评估农业机械使用对农业产出的影响。

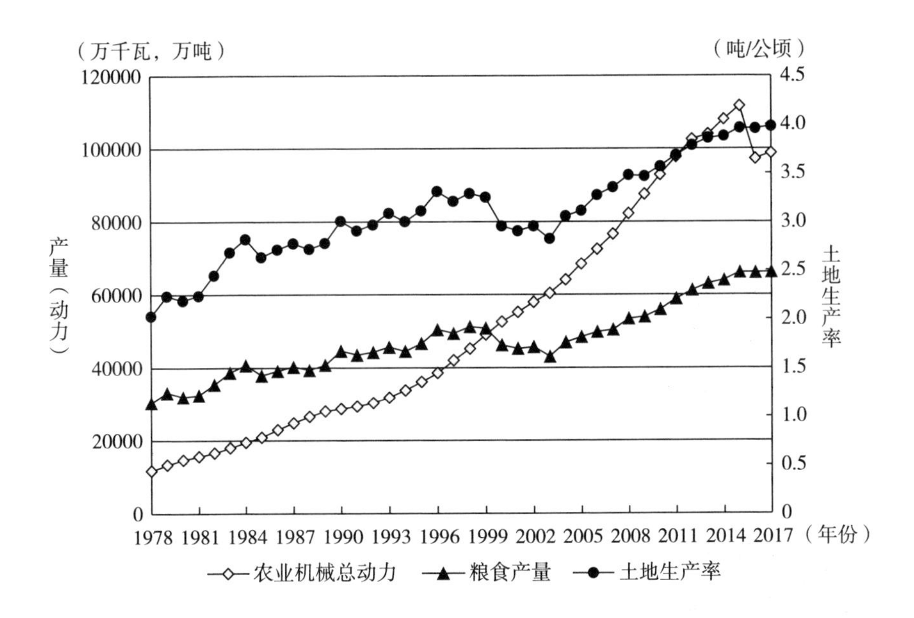

图3-5　农业机械总动力与农业产出增长变化趋势

3.4　农业机械化与中国农业增长路径

随着劳动力转移和劳动力成本上升，采用农业机械来替代劳动力成为农户进行农业生产的理性选择。但针对中国农业增长路径以及未来农业技术发展方向仍存在较大的争议。李芝倩和刘洪（2003）最早利用单要素生产率对1978～2000年我国省级地区农业增长进行分析，指出我国农业现代化发展应继续沿着依靠“节约土地型”即生物化学技术的道路发展，而非节约劳动力的农业机械化道路。全炯振（2010）基于农业诱致性技术理论对中国农业增长过程进行考察后也支持了上述观点：中国农业属于典型的土地导向的亚洲型增长，应继续发展生物化学技术。但是王波和李伟（2012）通过 1990～2009 年的时间序列数据分析明确指出我国农业要兼顾农业机械技术与生物化学技术共同发展。本节基于 Hayami 和 Ruttan（1970）的分析框架，并借鉴全炯振（2010）和周晓时等（2015）的研究，采用劳动生产率和土地生产率为主的农业单要素生产率指标和地劳比率、化肥土地比和机械劳动比等要素投入比例指标来考察中国农业自 1978 年改革开放以来的中国农业增长路径变动，以及农业机械化在其中扮演的角色与未来变动趋势①。

3.4.1 各地区农业单要素生产率的比较

借鉴周晓时等（2015）的研究，将 1978 年和 2017 年数据分别以 1978～1982 年的平均数、2013～2017 年的平均数来代替，以控制时间断点前后的波动性。出于对数据合理性的考虑，由于 1982 年底家庭联产承包责任制基本覆盖全国，为了剔除制度变量的影响，1978 年采用 1978～1982 年的数据。2017 年采用了 2013～2017 的平均数来代替。同时考虑到西藏和港澳台地区经济地位、资源禀赋和数据可获得性，本书统计中没有包括西藏和港澳台地区。同时，为了保持统计口径的一致，将 1988 年后的海南和 1998 年后的重庆分别纳入广东和四川合并进行计算。因此本书所采用数据为 28 个省份在 1978～2017 年所形成的面板数据。以上所有数据均来自官方统计，主要包括 1978～2018 年《中国统计年鉴》、《中国农业年鉴》、《新中国 55 年统计资料汇编》、《新中国 60 年统计资料汇编》等。限于篇幅，表 3－4 仅报告 1978 年和 2017 年两个时间节点的核算结果。

---

① 其中劳动生产率和土地生产率分别为单位农业劳动力粮食产量和单位面积粮食产量，单位分别为吨/人、吨/公顷；地劳比率为单位劳动所占有的土地数量，单位为公顷/人；化肥—土地比例为单位土地化肥投入量，单位为吨/公顷；机械劳动比例为农业机械总动力与农业劳动力投入的比例，单位为千瓦/人。

表3-4 1978年和2017年劳动生产率和土地生产率

省份	劳动生产率		土地生产率		地劳比率	
	1978年	2017年	1978年	2017年	1978年	2017年
北京	1.298	1.238	2.751	3.589	0.472	0.345
天津	0.924	2.843	1.895	4.021	0.488	0.707
河北	1.015	2.505	1.846	4.013	0.550	0.624
山西	1.163	1.981	1.765	3.530	0.659	0.561
内蒙古	1.281	4.936	1.027	3.682	1.247	1.340
辽宁	1.954	2.983	2.984	4.985	0.655	0.598
吉林	2.874	7.128	2.265	6.534	1.269	1.091
黑龙江	3.456	8.400	1.592	5.013	2.171	1.676
上海	0.994	2.389	2.808	3.251	0.354	0.735
江苏	1.285	3.996	2.998	4.578	0.429	0.873
浙江	1.093	1.480	3.261	3.212	0.335	0.461
安徽	1.026	2.514	2.093	3.974	0.490	0.633
福建	1.154	1.018	3.087	2.897	0.374	0.351
江西	1.419	2.737	2.258	3.859	0.629	0.709
山东	0.969	2.424	2.245	4.338	0.432	0.559
河南	0.918	2.331	1.993	4.151	0.461	0.562
湖北	1.257	1.860	2.326	3.300	0.540	0.564
湖南	1.168	1.863	2.723	3.458	0.429	0.539
广东	0.947	0.931	2.569	2.732	0.369	0.341
广西	0.949	1.039	2.390	2.465	0.397	0.421
四川	0.966	1.910	2.825	3.470	0.342	0.551
贵州	0.688	1.002	2.116	2.087	0.325	0.480
云南	0.757	1.180	2.170	2.623	0.349	0.450
陕西	0.966	1.542	1.656	2.866	0.584	0.538
甘肃	0.859	1.308	1.359	2.776	0.632	0.471
青海	0.863	0.893	1.733	1.853	0.498	0.482

续表

省份	劳动生产率		土地生产率		地劳比率	
	1978 年	2017 年	1978 年	2017 年	1978 年	2017 年
宁夏	1.248	2.326	1.348	3.012	0.926	0.772
新疆	1.569	2.777	1.293	2.588	1.214	1.073
东部地区	1.134	1.964	2.598	3.695	0.436	0.532
中部地区	1.477	3.002	2.101	4.126	0.703	0.728
西部地区	0.985	1.633	1.712	2.690	0.575	0.607

通过对简单统计量的分析，可以发现分省份农业增长的静态差距及其变化。通过表3－4可知，1978年，劳动生产率最低省份是贵州，仅为0.688，最高的黑龙江为3.456，是贵州的5倍多；土地生产率最高的浙江，为3.261，是最低的内蒙古（1.027）的3倍多。到2017年，劳动生产率最低的是青海（0.893），最高是黑龙江（8.400），两者的劳动生产率相差9.4倍之多；而土地生产率最高的吉林（6.534）是最低省份青海（1.853）的3.5倍多。由表3－4中的统计结果可以看出，这40年中，我国各省份的农业都取得了较大的发展，但劳动生产率最高和最低的地区差距并没有缩小，且逐渐扩大，而土地生产率离差值在逐渐缩小。以标准差统计量作为生产率收敛或发散的指标可以发现，1978年各省份间劳动产出数据的标准差为0.604，到了2017年已经变为1.771，土地生产率的标准差从1978年的0.599提高到2017年的0.992，这一趋势表明各省份之间农业并没有沿着生产率收敛的路径发展，其分化趋势越来越明显。

为了进一步考察不同地区的农业增长路径以及农业机械化的影响，且考虑到省级层面的分析篇幅较长，这里将全国省份按照东部地区、中部地区、西部地区进行分组分析。各地区组内省份经济发展和农业生产条件基本一致，对地区层面农业增长路径的分析具有一定的代表性。参考以往研究（周晓时等，2015），地区分组的具体情况如下：西部地区包括陕西、甘肃、宁夏、青海、

新疆、广西、内蒙古、四川、贵州和云南；中部地区包括山西、河南、安徽、江西、湖北、湖南、黑龙江、吉林；东部地区包括北京、天津、河北、辽宁、山东、上海、江苏、浙江、福建和广东。

通过表3-4中地区层面的生产率核算结果可以发现，自改革开放以来中国各地区农业单要素增长率增长突出。1978~2017年劳动生产率和土地生产率的年均增长率东部地区为1.83%和1.05%，中部地区为2.58%和2.41%，而西部地区为1.65%和1.43%。东部地区和西部地区土地生产率的增速小于劳动生产率，中部地区则相对比较均衡，侧面表明了不同地区农业增长的主导技术并不相同。此外，中部地区的劳动生产率最高，且中部地区增长速度最快。根据速水佑次郎和拉坦的农业增长路径分析法，1978~2017年东部地区和西部地区的农业增长依赖于节约劳动的机械技术，而中部地区类似于欧洲农业发展路径，同时兼顾节约劳动和土地的农业技术。

土地资源禀赋是农业技术变迁的基础条件，地劳比率的变化情况可以直观反映一个国家或地区的农业资源相对禀赋条件（孔祥智等，2018）。根据表3-4可知，1978~2017年东部地区（0.17%）和中部地区（0.16%）呈现优化的趋势，而西部地区（-0.20%）则表现出恶化趋势。1978~2017年东部地区的劳动力数量和播种面积都呈负增长，其中劳动力年均减少0.76%，播种面积年均减少0.47%，劳动力数量下降幅度大于播种面积的变动，使得东部地区地劳比率反而有所上升；中部地区劳动力和播种面积年均增速分别为0.03%和0.52%；西部地区劳动力和播种面积年均增速为0.30%和0.74%。综合来看，除了东部地区地劳比率以每年0.55%的速度递增，中、西部40年间几乎没有变动。这可能是因为：第一，中西部地区人口增长速度相对较快；第二，中西部地区工业化进程相对缓慢；第三，产业发展也相对落后，非农产业对农业剩余劳动力的吸纳不足。由于上海、天津、江苏等地区工业化程度较高，对农业剩余劳动力吸纳能力较强，地劳比率有所改善。而甘肃、陕西、宁夏等西部地区省份经济发展依赖于农业产业，且由于农业非农转移不足，导致地劳比率呈恶化趋势。此外，家庭联产承包责任制下按家庭人口平均分配土地的现实，忽视了农户间的生产效率异质性，进一步导致了土地经营规模与生产率的错配与资源配置扭曲（盖庆恩等，2017；盖庆恩等，2020）。

表3－5呈列了不同时期要素替代指标化肥—土地投入比例和机械—劳动投入比例的变动情况。从化肥—土地投入比例来看，1978～2017年东部地区、中部地区、西部地区年均增长率分别为5.89%、12.61%、4.75%。从机械—劳动比率来看，三地区年均增长率分别为14.06%、18.13%、16.31%。三地区化肥对土地比率年平均增长率分别为5.89%、12.61%、4.75%，普遍低于各地区机械—劳动比的年均增长率（东部地区、中部地区、西部地区分别为14.06%、18.13%、16.31%）。以上生产率和要素替代率核算结果表明，1978～2017年，机械对劳动的替代程度超过化肥对土地替代程度。相对于以化肥代表的节约土地型技术，以农业机械为代表的节约劳动型技术在此期间主导了我国农业技术进步路径。自2004年颁布《中华人民共和国农业机械化促进法》以来，国家出台了一系列政策推进农业机械化发展，其政策效果较为显著。从表3－5中可以发现，我国机械—劳动比在2004年之后的增长相对化肥—土地比增速更快，农业机械化技术在我国农业当前及未来一段时期的发展中将扮演日趋重要的角色。

表3－5　1978～2017年不同地区农业单要素生产率及要素替代

时间	地区	劳动生产率	土地生产率	地劳比率	化肥/土地	机械/劳动
1978～1982年	东部	1.131	2.593	0.436	0.154	0.682
	中部	1.474	2.095	0.703	0.076	0.600
	西部	0.987	1.709	0.578	0.100	0.453
1983～1987年	东部	1.463	3.092	0.473	0.200	1.153
	中部	1.729	2.667	0.648	0.124	0.798
	西部	1.018	2.023	0.503	0.124	0.568

续表

时间	地区	劳动生产率	土地生产率	地劳比率	化肥/土地	机械/劳动
1988～1992 年	东部	1.766	3.439	0.514	0.268	1.655
	中部	1.706	2.852	0.598	0.174	0.945
	西部	1.071	2.213	0.484	0.163	0.724
1993～1997 年	东部	1.941	3.729	0.521	0.340	2.014
	中部	1.819	3.213	0.566	0.242	1.080
	西部	1.189	2.407	0.494	0.186	0.906
1998～2002 年	东部	1.661	3.339	0.498	0.367	2.440
	中部	1.851	3.158	0.586	0.273	1.542
	西部	1.257	2.463	0.510	0.216	1.248
2003～2007 年	东部	1.529	3.139	0.487	0.413	3.006
	中部	2.110	3.352	0.629	0.288	2.363
	西部	1.290	2.470	0.522	0.242	1.747
2008～2012 年	东部	1.869	3.526	0.530	0.427	3.699
	中部	2.576	3.708	0.695	0.315	3.713
	西部	1.473	2.571	0.573	0.273	2.560
2013～2017 年	东部	1.952	3.689	0.529	0.436	3.996
	中部	3.000	4.123	0.728	0.329	4.151
	西部	1.632	2.690	0.607	0.298	3.140

3.4.2 各地区农业增长路径

借助土地生产率和地劳比率的变化可以描绘出分省份农业的增长路径。图 3－6 中以土地生产率为纵轴，地劳比率为横轴，将每个年份土地生产率和地劳比率确定的点连接而形成的曲线反映了各地区农业生产率的增长过程，并暗含了各地区农业增长的主导技术类型。

从图 3－6 可以发现，各地区增长路径各不相同。第一，东部地区在 1984 年前沿着地劳比率恶化、土地生产率提高的路径增长，此后地劳比率和土地生产率交替主导农业增长路径；第二，中部地区 1978～1996 年地劳比率不断恶化，靠土地生产率不断提高来增长农业，1996 年后地劳比率才得到优化，土地生产率同时也不断提高；第三，西部地区 1993 年前沿着地劳比率恶化、土地生产率提高的路径增长，此后则以地劳比率优化为主、土地生产率提高为辅的方式增长。此外，可以发现三个地区在坐标中分布并不一致，东部地区的土地生产率一直处于较高水平，而西部则相对较低，中部地区的地劳比率相对处于优势。

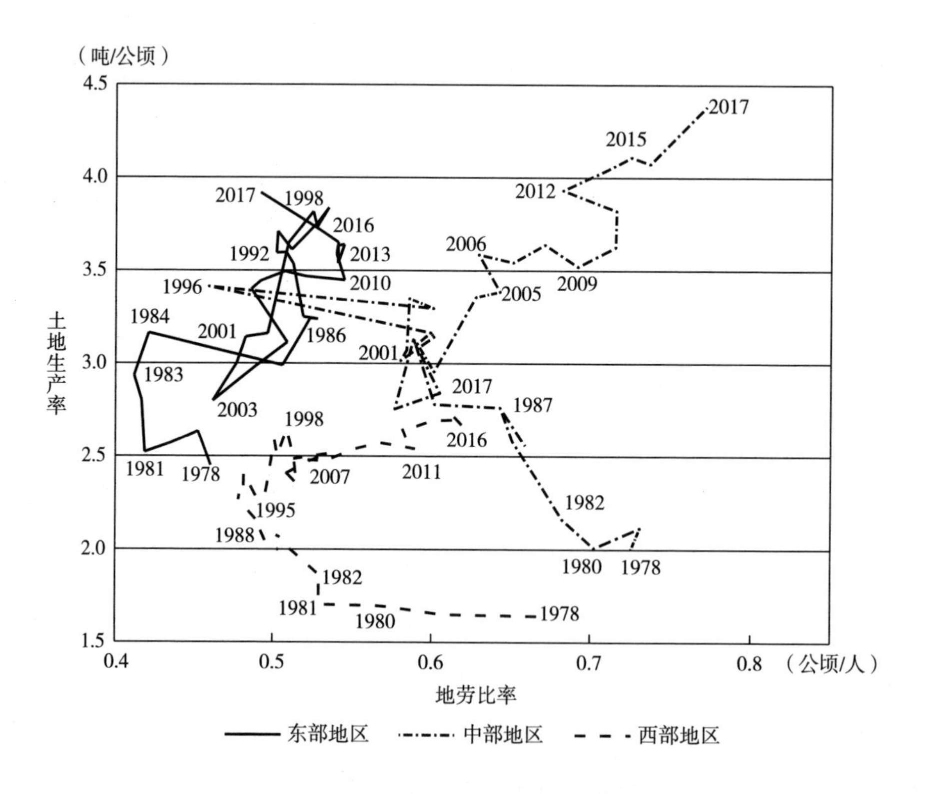

图 3-6 各地区农业生产率增长路径

综上所述，不同地区不同阶段的主导增长路径的农业技术并不相同，这也许和各地区工业化水平以及经济制度密切相关（周晓时等，2015）。Yamada 和 Ruttan（1980）提出“S 字形增长路径”，在土地生产率和地劳比率关系的基础上，将亚洲农业增长路径划分为三个阶段：在第一阶段，农业增长主要依赖

于地劳比率的优化；在第二阶段，由于人口增加，地劳比率恶化，此时农业增长依赖于土地生产率的提高；在第三阶段，两者同时主导着农业的增长。中国各地区的农业发展当前都进入以劳动生产率为导向和发展农业机械化的新阶段。特别是自进入21世纪以来，由于“人口红利”逐步消失，劳动力成本不断上升，中国农业增长路径已由典型的亚洲型增长路径转换为劳动生产率导向和农业机械化导向的新大陆型增长路径。在此阶段推动农业机械技术发展、提高机械装备水平来节约劳动力对农业增长更为重要。这一发现与孔祥智等（2018）的研究结论一致。

3.5　本章小结

本章考察了我国农业机械化的发展趋势和阶段特征，并对比分析了农业增长过程中农业机械化与农业投入产出的变动趋势。研究发现：

第一，中国农业机械化经历了由数量导向到质量导向的转变。其中，伴随着农机构成结构由小型拖拉机及其配套农机具为主体，向以大中型拖拉机及其配套农机具为主体的转变，农业机械总动力先增后减，并在2014年以后随着农业结构性改革而进入新的发展阶段。具体而言，中国农业机械化经历了1978～1993年的初步发展期、1994～2003年的平稳增长期和2004～2017年的结构调整期。在不同阶段，农业机械化的发展特征各异。在1978～1993年的初步发展期，农业机械总动力持续增长，但增速不断下降；在1994～2003年的平稳增长期，农机作业服务发展壮大；在2004～2017年的结构调整期，农业机械化发展凸显。

第二，农业生产要素投入与农业机械总动力发展存在正相关关系。其中农业劳动力投入在改革开放后经历了先稳步增长，至1990年后开始不断下降的趋势；化肥投入保持相对低速增长，而农药则先后经历了两个阶段的快速增长后开始在新时期下降。

第三，土地生产率和粮食产量都保持了波动上升趋势，农业机械动力增长趋势与农业产出增长呈现正相关关系。

第四，自进入21世纪以来，随着劳动力成本不断上升，中国农业增长路径已由典型的亚洲型增长路径转换为劳动生产率导向和农业机械化导向的新大陆型增长路径。

以上研究结论表明，中国已进入农业机械化主导的农业增长路径阶段，其发展趋势与农业生产要素投入以及农业产出存在明显的相关关系。但这种相关关系还受到一系列农户特征和生产条件等因素的影响，并不能说明农业机械化与农业生产之间存在着必然的因果关系。为明确未来中国农业机械化发展方向与政策支持措施，需要采用严格的计量经济学分析框架，在控制其他干扰变量和内生性的基础上，准确评估农业机械使用对农业要素投入和农业产出的影响。

第4章　农户农业机械使用行为分析

农业机械化特点及其变化趋势反映了中国农业发展阶段、要素禀赋与技术变迁之间的互动关系（蔡昉和王美艳，2016）。农业机械化的具体操作对象是农户，第3章中宏观加总的农业机械化指标无法分析农户个体特征对农户农业机械使用行为的影响。因此，本章从微观角度采用统计分析和计量分析考察农户对不同农业机械化模式选择的影响因素。此外，本章还探讨了影响农户对不同农机来源选择的主要因素，以期为农业机械化发展提供更具针对性的政策建议。

4.1　理论分析与研究设计

Hayami 和 Ruttan（1985）的诱致性技术变迁理论表明，稀缺性变动引起要素相对价格波动、技术变迁，在市场机制的价格信号作用下，使丰裕度较高、价格较低的生产要素在要素投入结构中的占比增加。在实际农业生产中，农户是农业机械使用的主体，农户选择何种农业机械化方式以及不同来源的农业机械来进行农业生产，是基于一系列个人、家庭以及农业生产的特征来进行决策的（Barnum 和 Squire，1979；曹阳和胡继亮，2010）。文献中针对农业机械使用行为和决策的实证模型研究不断出现，其中以概率选择模型 Logit 或 Probit 二元选择模型应用最为广泛（赵京等，2012；胡拥军，2014）。但由于农业生产的连续性多环节属性，二元选择模型仅能够控制农户是否在某一环节或多个环节中选择使用农业机械，这在一定程度上对农业机械的实际使用行为分析中偏离了完备性假定（陈强，2014）。此外，农户基于自身效用最大化的理性选择是模型构建和实证分析的基础（Barnum 和 Squire，1979）。基于以上分析，本章在模型构建前提出以下条件假设：

假设条件 1：农户面临三种机械化模式选项，具体包括无机械化生产、半机械化生产和全机械化生产，它们满足独立不交叉且具有完备性。农户基于自身可观测和不可观测因素在其中选择一种农业机械生产模式。

假设条件 2：假设农民都是理性的且风险中性，他们会在三种独立不交叉机械化模式中（包括无机械化生产、半机械化生产和全机械化生产）选择能够最大化自身效用的一种模式并应用在农业生产中。

假设条件 3：农户在选择使用农业机械时面临农机自购、农机合购、农机服务等多种来源形式，农机使用者基于自身特征因素在其中进行选择一种作为生产中的农机来源。

根据假设条件，本章采用一个三种不同的农业机械生产模式选择指标反映农业生产全过程中的农户农业机械使用情况。与传统采用二元虚拟变量法相比，该指标具有以下优势：第一，其考虑了农业的多阶段多环节自然生产属性；第二，农业机械化模式（包括无机械化生产、半机械化生产和全机械化生产）满足独立性和完备性；第三，该指标可以更准确衡量农户农业机械使用状态，可以有效避免农户自报告农业机械使用状态时的误分类（Misclassification）偏差（Engel，2015；Wossen 等，2018；Nguimkeu 等，2019）。基于该指标的多元选择属性，本书应用多元选择框架来构建多元 Logit（Multinomial Logit，MNL）模型。

4.2　多元 Logit 选择模型

为了便于分析，这里假设针对任一理性农户 i，其选择农业机械化模式（来源）j 的期望效用是 A_{ij}，而选择其他任一非 j 的农业机械化模式（来源）k 的期望效用为 A_{ik}。这种情境下，一个理性的农户 i 会且仅会在 $A_{ij}^* = A_{ij} - A_{ik} > 0$ $(j \neq k)$ 时选择模式（来源）j，其中 A_{ij}^* 表示农业机械化模式（来源）j 和模式（来源）k 下的期望效用差异。由于 A_{ij}^* 的主观性，其属于潜变量类型，并不能在现实中进行观测，但可以用潜变量模型方程来进行刻画：

$$A_{ij}^* = Z_i\beta_j + \mu_i, \ j = 1, 2, \cdots, J \tag{4-1}$$

其中，Z_i表示一系列农户和农业生产层面的特征变量；j 是一个组别变量，表示个体农户对农业机械化模式 j 的选择。β_j为相应变量的待估计系数；μ_i是一个服从正态分布的随机标准误差。尽管从不同农业机械化模式（来源）选择中得到的期望效用不能被直接观测，但是农户 i 对农业机械化模式（来源）j 的选择决策可以被表示为：

$$A = \begin{cases} 1, & \text{if} \quad A_{i1}^* > \max_{j \neq 1}(A_{ij}^*) \\ 2, & \text{if} \quad A_{i2}^* > \max_{j \neq 2}(A_{ij}^*) \\ & \vdots \\ J, & \text{if} \quad A_{iJ}^* > \max_{j \neq J}(A_{ij}^*) \end{cases} \tag{4-2}$$

其中，A 是一个表示可观测到的农户对农业机械化模式（来源）的选择指标。方程（4-2）意味着农户是理性的，他们只会选择能够最大化自己家庭效用的农业生产方式。需要注意的是，不同的农业机械化模式（来源）并不存在先天的优劣或有序特征，其数值大小仅代表不同的分组或类别，反映不同的农业机械化模式（来源）。对于多元无序离散选择行为，一般采用多元

Logit（Multinomial Logit，MNL）模型进行估计。参照 McFadden（1973）和 Bourguignon 等（2007），具有特征Z_i的农户 i 选择第 j 种农业机械化模式（来源）的概率可以用一个多元 Logit 模型表示：

$$P_{ij} = Pr(\tau_{ij} < 0 \mid Z_i) = \frac{\exp(Z_i \beta_j)}{\sum_{k=1}^{J} \exp(Z_i \beta_j)} \tag{4-3}$$

其中，$\tau_{ij} = \max_{k \neq j}(A_{ik}^* - A_{ij}^*)$。这里可以采用最大似然（Maximum Likelihood，ML）方法估计方程（4－3）的多元 Logit 模型参数。

4.3 数据与描述性统计

4.3.1 数据说明

本章实证数据来源于中国劳动力动态调查数据库（China Labor－Force Dynamics Survey，CLDS）2016 年调查数据，该数据库由中山大学在全国东部地区、中部地区、西部地区范围内进行家庭抽样获取。采用一个多阶段的分层 PPS（Probability Proportional to Size）抽样技术，CLDS 数据包含全国 29 个省份数据（不包含西藏和海南及港澳台地区），确保了数据库样本信息具有一定的全国代表性。该数据库包含个体和家庭层面特征信息，包括家庭日常生活活动、金融财产、农户劳动力流动、农业生产销售等。

2016 年 CLDS 数据库共包含 14200 个样本，其中 8248 个是农村农户，5952 个是城镇家庭。由于本章关注的是农业机械化对土地生产率的影响，在实证分析中剔除了相关的城镇样本和不从事农业生产的农户样本。最终，经过数据清洗后，共有 6447 个农户样本被纳入本章实证分析。

在本章实证分析中关注是农户农业机械化模式选择变量，具体包含无机械

化生产、半机械化生产和全机械化生产三个互斥独立选项。参考已有研究（例如，Benin，2015；Ma 等，2018；Mottaleb 等，2016；Paudel 等，2019；Takeshima，2018；Takeshima 等，2018；Zhang 等，2019），结合数据可得性，本书在实证模型中还加入了农户户主的年龄、性别、受教育程度、外出务工就业情况、农户规模、信贷获取情况、土地确权证书、灌溉率、村集体农业机械化服务以及地区变量。

4.3.2　变量描述性统计

在实证中用到的相关变量的定义及其描述性统计如表 4－1 所示。从表4－1 的结果可以看出，约 61.5% 的农户仍未在种植业生产中使用任何农业机械，大约 24.5% 和 14.0% 的样本农户分别采用了半机械化生产模式和全机械化生产模式。这里需要指出的是，农业农村部全国统计数据表明我国农作物生产综合机械化率已达 63%，与本书数据差异较大。这主要是由于本书农业生产不仅包括传统粮食作物生产还包括蔬菜、水果和山林等非粮食作物生产。根据 2016 年 CLDS 调查数据，农户平均蔬菜、水果和山林的产值占家庭种植业总产值的 74.2%[①]。当前，非粮食作物的机械化率仍旧较低，其生产规模的扩大将拉低整体机械化水平（肖体琼等，2015）。

表 4－1　变量定义及其描述性统计

变量	定义	均值（标准差）
土地生产率	平均每亩土地的总产出价值（1000 元/亩）	0.822（1.844）
无机械化生产	1 = 农户采用无机械化生产模式；0 = 其他	0.615（0.487）
半机械化生产	1 = 农户采用半机械化生产模式；0 = 其他	0.245（0.430）
全机械化生产	1 = 农户采用全机械化生产模式；0 = 其他	0.140（0.348）

① 由于 2016 年 CLDS 数据并未统计不同作物的种植面积，这里采用产值来表示农户不同作物的种植规模。农户家庭种植业中蔬菜、水果、山林和粮食作物的平均产值分别为 5297.32 元、14837.79 元、3168.55 元和 8089.01 元。

续表

变量	定义	均值（标准差）
农业机械来源	1 = 自购；2 = 合购；3 = 购买农机服务；4 = 借用；5 = 自购加租借；6 = 自购加合购；7 = 其他	2.998（1.265）
年龄	户主年龄（岁）	53.500（12.360）
性别	户主性别（1 = 男性；0 = 女性）	0.850（0.357）
教育	户主受教育程度	2.506（1.101）
非农就业	1 = 户主外出务工；0 = 其他	0.453（0.498）
农户规模	家庭中总人口	4.704（2.211）
信贷获取	1 = 家庭获得信贷；0 = 其他	0.332（0.471）
耕地规模	家庭拥有的总耕地面积（亩）	6.497（7.961）
土地确权证书	1 = 农户拥有土地确权证书；0 = 其他	0.511（0.500）
土地灌溉率	可灌溉面积占总耕地面积比例（%）	0.468（0.437）
农业补贴	1 = 农户收到农业生产现金补贴；0 = 其他	0.266（0.798）
农机服务	1 = 农户所在村集体提供农地耕种服务；0 = 其他	0.274（0.446）
西部	1 = 农户处于西部地区；0 = 其他	0.368（0.482）
中部	1 = 农户处于中部地区；0 = 其他	0.293（0.455）
东部	1 = 农户处于东部地区；0 = 其他	0.368（0.482）
图书馆	1 = 农户所在村拥有公共图书馆；0 = 其他	0.766（0.423）

注：(1) 户主指熟悉家庭经济状况，且在家庭决策中占据主导地位的人。

(2) 教育变量为一个类别变量，具体含义如下：1 = 未上过学；2 = 小学/私塾；3 = 初中；4 = 普通高中；5 = 职业高中；6 = 技校；7 = 中专；8 = 大专；9 = 大学本科；10 = 研究生（包括硕博）。

(3) 在问卷中，农机来源包括：①自购指全部自家购买；②合购指和别人共同购买；③购买农机服务指全部租用别人或某公司的；④借用指借用他人或集体的；⑤自购加租借指部分自家拥有，部分租用或借用；⑥自购加合购指部分自家拥有，部分和别人共同拥有；⑦其他指除以上 6 种来源之外的来源。

(4) 西部地区包括陕西、甘肃、宁夏、青海、新疆、重庆、广西、内蒙古、四川、贵州和云南；中部地区包括山西、河南、安徽、江西、湖北、湖南、黑龙江和吉林；东部地区包括北京、天津、河北、辽宁、山东、上海、江苏、浙江、福建和广东。

为了更直观地表现不同农业机械模式在不同地区的分布情况，通过图 4-1 可以发现，无机械化生产模式在东部地区、中部地区、西部地区都是农户选择最多的生产模式。但随着经济发展程度的提高，使用农业机械的农户比例不

断提升。从西部地区到中部地区和东部地区，采用半机械化生产模式的农户，其占所有农户的比例从17.8%分别对应提高到27.8%和29.6%。而对于全机械化生产模式，农户采用比例从西部地区到中部地区再到东部地区分别为11.5%、12.2%和17.9%，同样随着地区经济发展程度提高而不断提高采用比例。这一发现表明农业机械化发展存在着明显的地区差异，且与经济发展水平存在相关关系。

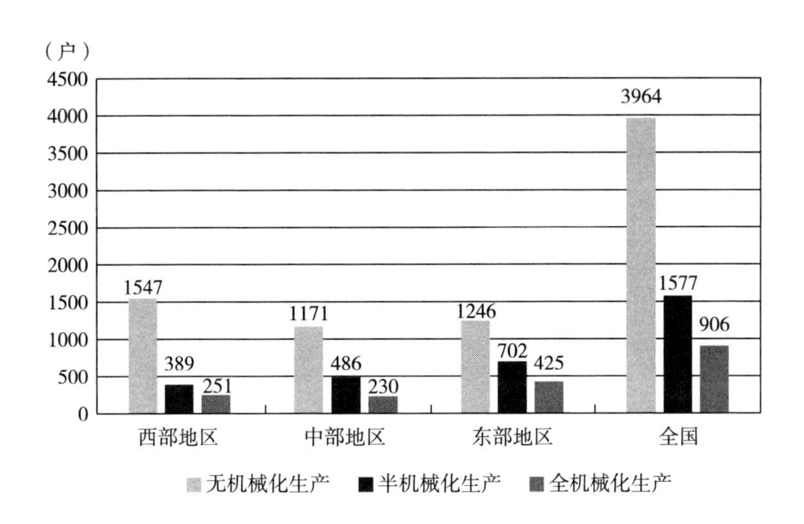

图4－1　不同地区的农业机械化模式分布情况

此外，在农户个人家庭特征和生产特征变量中，农户户主平均年龄为53岁，85%是男性户主。采用教育水平的类别变量来反映农户户主的受教育水平，平均而言，样本农户户主的教育程度介于小学和初中教育水平之间。另外，约45.3%的农户户主在2015年参与了非农务工就业。平均农户规模为5人，并且有33.2%的农户可以获得信贷支持。平均约46.8%土地可以被灌溉使用，仅有26.6%的农户在2015年收到了农业补贴。表4－1还显示了农业机械化服务情况，在2015年有27.4%的村委可以提供农业机械化服务。

4.4 农户农业机械使用行为的影响因素分析

为了获取农业机械使用行为影响因素系数的稳健估计结果，借鉴 Khonje 等（2018）的做法，采用自抽样（Bootstrap）方式获取稳健估计量。同时，根据 Small－Hsiao 检验结果，农户对三种农业机械生产方式的选择满足独立互不相关（Independent Irrelevant Alternative，IIA）假设[①]。采用无机械化生产模式组农户作为参照组，相关影响因素的系数估计结果呈列在表 4－2 中。针对多元 Logit 模型估计中各影响因素的联合显著性，这里采用 Wald 检验对各因素系数的联合显著性进行检验，检验结果卡方统计量值为 492.59，且在 1% 水平下显著拒绝系数联合不显著的原假设，说明采用多元 Logit 模型估计的合理性以及变量选取的有效性。但这里需要指出的是，多元 Logit 模型系数估计存在两个缺陷：一是无法直接获取参照组的系数估计量，二是估计系数并不具有直观含义。因此，本章同时计算了各影响因素变量在不同农业机械化类型中的边际效应（Marginal Effects）来提供一个更为直观的解释。具体地，在表 4－3 中，第 2 列、第 3 列和第 4 列分别陈列了针对无机械化生产、半机械化生产和全机械化生产的影响因素边际效应估计，下文将基于表 4－3 中的边际效应估计结果进行分析。

户主年龄变量的边际效应在无机械化生产模式和全机械化生产模式识别中都表现出了显著的正向影响，但在半机械化模式识别中呈现显著的负向影响。这一结论表明随着户主年龄的增长，在保持其他条件不变的情况下，将会增加

---

① 采用无机械化生产模式的采用者作为参照组，针对半机械化和全机械化生产模式的选择的 Chi2 统计量分别为 22.87 和 6.15，其拒绝原假设的概率分别为 0.09 和 0.98，即在 5% 水平满足 IIA 假设。

表 4－2　农户农业机械使用行为影响因素的系数估计结果

变量	半机械化生产	全机械化生产
年龄	－0.009 (0.003)***	0.004 (0.003)
性别	－0.046 (0.067)	－0.194 (0.083)**
教育	0.009 (0.025)	0.050 (0.032)
非农就业	－0.078 (0.067)	0.001 (0.083)
农户规模	0.062 (0.014)***	－0.034 (0.019)*
信贷获取	0.113 (0.068)*	－0.014 (0.087)
耕地规模	0.024 (0.005)***	0.046 (0.005)***
土地确权证书	－0.134 (0.065)**	0.193 (0.081)**
土地灌溉率	0.161 (0.076)**	－0.158 (0.095)*
农业补贴	1.781 (0.092)***	1.813 (0.094)***
农机服务	0.509 (0.071)***	0.430 (0.088)***
中部地区	0.144 (0.085)*	－0.194 (0.108)*
东部地区	0.711 (0.080)***	0.709 (0.096)***
图书馆	0.228 (0.080)***	0.352 (0.099)***
常数项	－1.906 (0.205)***	－2.918 (0.262)***
Log－likelihood 值	－5300.927	
Wald 检验	Chi2 (28) ＝492.59***	
Pseudo R^2	0.101	
样本量	1577	906

注：①括号内为稳健标准误；②***、**和*分别表示在1%、5%和10%的水平下显著；③系数估计的参照组为无机械化生产组；④地区变量的参照组为西部地区。

表 4－3　农户农业机械化模式选择影响因素的边际效应估计结果

变量	无机械化生产	半机械化生产	全机械化生产
年龄	0.001 (0.000)***	－0.002 (0.000)***	0.001 (0.000)**
性别	0.019 (0.010)*	0.000 (0.010)	－0.020 (0.009)**
教育	－0.005 (0.004)	－0.001 (0.003)	0.005 (0.003)
非农就业	0.010 (0.012)	－0.013 (0.010)	0.003 (0.009)
农户规模	－0.006 (0.002)**	0.012 (0.002)***	－0.006 (0.002)***
信贷获取	－0.014 (0.012)	0.020 (0.011)*	－0.006 (0.009)

续表

变量	无机械化生产	半机械化生产	全机械化生产
耕地规模	-0.006 (0.001)***	0.002 (0.001)**	0.004 (0.001)***
土地确权证书	0.004 (0.012)	-0.031 (0.011)***	0.027 (0.008)***
土地灌溉率	-0.010 (0.014)	0.034 (0.011)***	-0.024 (0.010)**
农业补贴	-0.354 (0.064)***	0.227 (0.041)***	0.127 (0.023)***
农机服务	-0.095 (0.011)***	0.069 (0.011)***	0.026 (0.008)***
中部地区	-0.005 (0.016)	0.033 (0.014)**	-0.027 (0.013)**
东部地区	-0.140 (0.014)***	0.092 (0.013)***	0.049 (0.010)***
图书馆	-0.054 (0.014)***	0.024 (0.012)*	0.030 (0.010)***
样本量	3964	1577	906

注：①括号内为标准误；②***、**和*分别表示在1%、5%和10%水平下显著；③地区变量的参照组为西部地区。

0.1%的概率采用无机械化生产模式和全机械化生产模式，但会降低0.2%的概率采用半机械化生产模式。一方面，年纪更大的户主可能具有更丰富的农业生产实践经验，因此在耕作中更倾向于依赖个人经验而非现代科技例如农业机械（周宏等，2014；张亚丽等，2019）；另一方面，年老的农户户主身体健康状况较差，不能从事繁重的体力劳动，因此，不得不依赖于可以节约劳动的农业机械来维持生产或提高土地生产率（李俊鹏等，2018；Zhang 等，2019）。由表4-3可知，性别变量对无机械化生产模式选择方程（第2列）具有显著的正向边际效应，但在对全机械化生产模式选择方程（第4列）却具有显著的负向边际效应，表明男性户主采用无农业机械化生产模式的概率高出女性户主1.9%，而采用全机械化生产模式的概率低于女性户主2.0%。其中一个可能的原因是，在农村地区通常男性会外出到城镇寻找更高的非农收入工作，而女性则留守在家照顾家庭和农业生产（Sims 等，2016；Ma 等，2018）。

农户规模变量对农户采用不同的农业机械化生产模式具有不同的影响。结果发现农户规模变量的边际效应在第2列和第4列中显著为负，但在第3列中是显著正向。这些发现表明，每增加一位农户成员将会降低农户采用无机械化

生产模式和全机械化生产模式的概率为0.6%，相应地将会提高农户1.2%的概率采用半机械化生产模式。这可能是因为现有土地产权制度约束，导致建立在土地规模经营基础上的中国农业机械化难以在短期内实现，发展社会分工特征的农机社会化服务外包是促进农业机械化的有效途径（张露和罗必良，2018；方师乐等，2018；李宁等，2019）。在一定程度上，更大农户规模可能存在更高的抚养比（Dependency Ratio），使农户由于生活压力而面临资金约束问题即处于自我剥削状态，因此，他们可能无法负担农业生产中的农业机械支出。另外，更大农户规模也可能存在较低的家庭抚养比，这意味着更为丰富的劳动力资源禀赋可以分配更多劳动力到农业和非农活动中来获取收入，缓解农户的资金约束，促进农户购买农机或农技服务（陈宝峰等，2005；刘玉梅和田志宏，2009；蔡键等，2017）。信贷获取变量仅在半机械化生产模式选择上表现出显著影响，结果表明拥有信贷获取的农户将会增加2.0%的概率采用半机械化生产模式。信贷获取可以帮助农户缓解资本约束并支持农户在农业生产中采用农业机械。这一发现与Mottaleb等（2016）和Mottaleb等（2017）的研究结论一致，他们发现信贷获取在促进孟加拉国农户采用农业机械决策过程中扮演着重要的角色。

土地确权证书变量的边际效应在半机械化生产模式和全机械化生产模式采用者群体中具有显著的影响，结果表明拥有土地确权证书的农户将会降低3.1%概率采用半机械化生产模式，但增加2.7%的概率采用全机械化生产模式进行农业生产活动。更高的灌溉率可以增加3.4%的概率促使农户采用半机械化生产模式，但使农户采用全机械化生产模式的概率降低了2.4%。农户收到农业补贴，其采用半机械化生产模式和全机械化生产模式的概率将分别增加22.7%和12.7%。对农户进行农业补贴显著提高了农户采用农业机械生产的概率，其原因在于农业补贴有利于缓解农户资金约束，刺激农户增加对农业机械等生产性要素投入（Benin等，2013；Diao等，2014）。此外，村集体提供农业机械化服务有利于农户采用农业机械生产模式，农户采用半机械化生产模式和全机械化生产模式的概率分别提高了6.9%和2.6%。农机服务作为农户使用农机的主要来源之一，其供给的增加将有利于农户更加方便地采用农业机械进行生产（Wang等，2016；Yang等，2013）。

通过表4-3中的实证结果发现，农户采用不同农业机械化模式的决策同样受到地区差异的影响。具体而言，相对于生活在西部地区（对照组）的农户，地处中部地区的农户采用半机械化生产模式的概率更高，采用全机械化生产模式的概率更低。中部地区农户采用半机械化生产模式的概率平均高出西部地区3.3%，而采用全机械化生产模式的概率平均低于西部地区2.7个百分点。而相对于西部地区农户而言，生活在东部地区的农户具有更高的概率采用半机械化生产模式和全机械化生产模式，分别高出西部地区农户9.2%和4.9%。此外，当地村集体内图书馆的建设有利于村民的农业技术知识获取和市场信息流动，有助于农户采用农业机械化生产模式。根据表4-3可知，图书馆变量在半机械化生产模式和全机械化生产模式的估计方程中都具有显著的正向影响，其对农户采用半机械化生产模式和全机械化生产模式概率提升效应分别为2.4%和3.0%。

4.5 农户农业机械来源选择及影响因素分析

4.5.1 农户农业机械来源统计分析

如前文所述，农户使用的农业机械一般通过自购农机和购买农机服务两个主要渠道来获取（Ji等，2012；Wang等，2016；李宁等，2019），而现实中还有诸如合购、借用、入股等多种独立形式以及各个单独形式之间的组合。根据2016年CLDS数据统计，在所有2483户使用农业机械进行农业生产的农户中，

采用租用农机或购买农机服务仍是当前农业机械使用的主要来源，大约超过60.4%的农户农业机械来自于农机服务。农户使用的农业机械第二大来源来自于自购（见图4-2）。在使用农业机械的样本中共计有454户农户使用的农业机械完全来自于自家购买，在总样本中约占18.3%。这一发现与Ji等（2012）、Yang等（2013）以及Wang等（2016）的研究结论一致，农业机械主要来自于农机作业服务市场供给和农户自身购置，这两种来源占据农户使用的农业机械的78.7%。因此，推动农机服务发展、加大农机购置补贴力度，将有助于提升我国农业机械化发展水平。

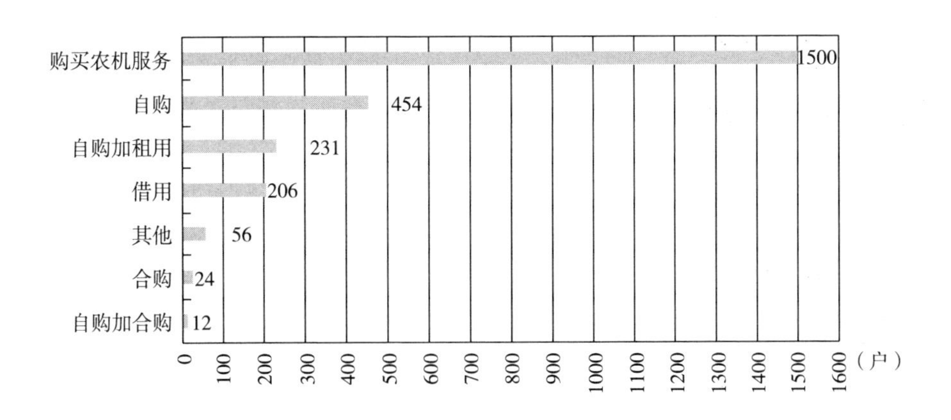

图4-2 农户农业机械使用来源统计

大约有9.3%的农户在自家购买机械的基础上，还在农机服务市场上购买了相关的农业机械服务进行补充。另外，还有206户采用借用的形式进行农业机械化生产，借用农业机械的行为一般依赖于农户社会网络和社会资本，其定价不明确，因此并未被大多数农户所采用。合购农机以及自购加合购两种形式的采用农户较少，合计大约占全国采用农机农户的1.4%。农户由于面临资金约束，采用合购的形式来缓解资金约束，但由于合购需要经历一系列沟通、谈判等环节，增加了交易成本，一般更容易出现在农机作业服务市场不发达的地区。例如采用合购形式的农户中有1/4隶属于湖北地区。湖北地区由于地形较为复杂，在部分作物和部分环节农业生产中相应的农机作业服务市场发育相对滞后。在2016年CLDS的调查中，还有2.3%的农户使用的农机来源属于入股或多种来源或不明确，限于数据可得性，此处对其他类型不展开分析。

为了进一步针对不同农业机械化模式下农户使用的农机来源进行分析，本书将农业机械来源按照机械化模型进行分组统计，并将结果呈列在列联表中（见表4－4）。根据表4－4中的统计结果，无论是半机械化生产农户还是全机械化生产农户，购买农机服务和自购农机都是最主要的两种机械来源。具体地，全机械化生产农户采用农机服务的比例高于半机械化生产农户（71.08% > 54.08%），而其选择自购方式的比例却低于半机械化生产农户（12.8% < 21.34%）。由于农业生产环节的多样性和特征差异，需要采用各种不同类型的农业机械。对采用全机械化生产的农户而言，一方面在每个环节都配备齐全所需要的各类型农业机械将会面临较高的购置成本，另一方面如果自购农机达不到相应的耕作规模，将会造成农机闲置和成本增加（方师乐等，2018）。因此，理性的农户将会从农机作业服务市场购买农机服务的方式来补充自购农机的不足。此外，全机械化生产的农户中采用自购加租借形式的比例低于半机械化生产农业（5.41% < 11.54%），而在其他类型农业机械来源的选择上，两种农业机械化模式下的农户选择比例相对较为一致①。

表4－4　不同农业机械化模式下的农业机械来源　　单位：户，%

农业机械来源	半机械化生产	全机械化生产
自购	338（21.34）	116（12.8）
合购	17（1.08）	7（0.77）
购买农机服务	856（54.08）	644（71.08）

① 例如半机械化生产农户和全机械化生产农户对借用农机的选择比例分别为8.4%和8.1%，对自购加借用农机的选择比例分别为0.4%和0.6%。

续表

农业机械来源	半机械化生产	全机械化生产
借用	133（8.43）	73（8.06）
自购加租借	182（11.54）	49（5.41）
自购加合购	7（0.44）	5（0.55）
其他	44（2.79）	12（1.32）
合计	1577（100.00）	906（100.00）

注：括号中为每种机械化模式下机械来源的百分比。

通过以上简单统计分析，可以对农户农业机械来源进行描述性分析，但并不能控制和分析农户选择不同农机来源背后的影响因素。正如假设条件3中的设定，农户会根据自身特征理性选择不同的农业机械化来源（王新志，2015；李宁等，2019）。由于不同的农机来源对农户而言是一个无序的多元选择，并不存在孰优孰劣，因此，为了考察农户对不同来源农机选择的影响因素，本书同样采用多元Logit模型来进行实证分析。

4.5.2　农户农业机械来源选择及影响因素分析

针对农户农业机械来源选择的影响因素估计，同样采用自抽样（Bootstrap）方式获取稳健估计量。根据Small－Hsiao检验结果，农户对6种农业机械来源的选择满足独立互不相关（Independent Irrelevant Alternative，IIA）假设①。为了便于直观理解，在估计各影响因素系数的基础上，本书同时对其各自边际效应进行了估计。其中，系数估计结果和边际效应估计结果分别呈列在表4－5和表4－6中。根据表4－5可知，Wald检验结果的卡方统计量值为1326.75，且在1%水平上显著拒绝系数联合不显著的原假设，表明了模型中

① 以农户的农机自购选择作为参照组，针对合购、购买农机服务、借用、自购加借用以及其他选择的卡方统计量分别为78.21、65.86、72.86、72.89和72.39，其拒绝原假设的概率分别为0.06、0.28、0.12、0.12和0.13，即全部在5%水平满足IIA假设。

变量选取的有效性①。

表 4-5 农户农业机械使用来源选择影响因素的系数估计

变量	合购	购买农机服务	借用	自购加借用	其他
年龄	-0.000 (0.015)	0.030 (0.005)***	0.034 (0.008)***	0.021 (0.007)***	0.038 (0.013)***
性别	0.555 (0.466)	-0.348 (0.120)***	-0.271 (0.178)	-0.432 (0.183)**	-0.207 (0.332)
教育	0.072 (0.114)	0.160 (0.052)***	0.112 (0.082)	0.146 (0.068)**	-0.042 (0.176)
非农就业	0.632 (0.355)*	0.488 (0.124)***	0.810 (0.171)***	0.339 (0.156)**	0.939 (0.283)***
农户规模	-0.233 (0.074)***	0.006 (0.030)	-0.073 (0.043)*	0.021 (0.042)	0.080 (0.064)
信贷获取	0.202 (0.429)	0.195 (0.117)*	0.022 (0.206)	0.035 (0.199)	-0.060 (0.360)
耕地规模	-0.003 (0.022)	-0.039 (0.007)***	-0.031 (0.013)**	-0.015 (0.010)	-0.049 (0.031)
土地确权证书	0.294 (0.409)	-0.219 (0.125)*	-0.226 (0.200)	-0.555 (0.178)***	0.361 (0.286)
土地灌溉率	0.751 (0.405)*	0.254 (0.126)**	0.034 (0.202)	0.641 (0.187)***	-0.976 (0.414)**
农业补贴	0.016 (0.258)	-0.005 (0.099)	-0.073 (0.191)	0.105 (0.136)	0.221 (0.275)
农机服务	0.821 (0.413)**	0.767 (0.149)***	0.389 (0.216)*	0.873 (0.205)***	0.403 (0.378)

① 需要指出的是，由于选择无机械化生产模式的农户在该模型估计中被自动排除，因此针对农业机械来源的选择分析存在潜在的样本选择问题。但由于此处采用的变量为多元离散变量，文献中常用的针对二元离散变量的 Heckman 选择模型在此处并不适用，而新近发展的最大化模拟似然估计方法仅针对有序（Ordered）因变量有效（Deb 和 Trivedi，2006），因此，本书针对农户农业机械来源选择的多元 Logit 模型估计结果并未控制这一潜在样本选择问题，针对实证结果的分析仅针对使用农机的农户有效。

续表

变量	合购	购买农机服务	借用	自购加借用	其他
中部地区	0.818 (0.470)*	0.527 (0.174)***	0.564 (0.220)**	0.373 (0.220)*	-1.119 (4.638)
东部地区	0.041 (0.504)	1.136 (0.144)***	0.492 (0.225)**	0.028 (0.191)	2.072 (0.475)***
图书馆	-0.450 (0.506)	-0.219 (0.136)	-0.349 (0.207)*	-0.315 (0.221)	1.481 (1.693)
常数项	-3.149 (1.253)**	-1.150 (0.399)***	-2.450 (0.613)***	-2.152 (0.522)***	-6.670 (2.073)***
Log-likelihood 值	-2729.248				
Wald 检验	1326.75				
Pseudo R^2	0.076				
样本量	36	1500	206	231	56

注：①括号内为稳健标准误；②***、**和*分别表示在1%、5%和10%水平下显著；③由于合购、自购加合购两组样本稀疏，为了模型识别，将两组合并在“合购”一组中进行估计；④系数估计的参照组为自购组；⑤地区变量的参照组为西部地区。

表4-6 农户农业机械来源选择影响因素的边际效应估计结果

变量	自购	合购	购买农机服务	借用	自购加借用	其他
年龄	-0.004 (0.001)***	0.000 (0.000)	0.003 (0.001)***	0.001 (0.000)*	0.000 (0.000)	0.000 (0.000)
性别	0.043 (0.014)***	0.012 (0.007)	-0.041 (0.019)**	0.000 (0.011)	-0.015 (0.012)	0.002 (0.005)
教育	-0.019 (0.007)***	-0.001 (0.002)	0.022 (0.009)**	-0.001 (0.006)	0.002 (0.005)	-0.004 (0.003)
非农就业	-0.07 (0.017)***	0.003 (0.005)	0.031 (0.02)	0.032 (0.011)***	-0.007 (0.011)	0.011 (0.008)
农户规模	0.001 (0.003)	-0.003 (0.001)***	0.004 (0.004)	-0.006 (0.003)**	0.002 (0.003)	0.002 (0.001)
信贷获取	-0.02 (0.017)	0.001 (0.006)	0.039 (0.02)*	-0.008 (0.011)	-0.008 (0.013)	-0.004 (0.007)

续表

变量	自购	合购	购买农机服务	借用	自购加借用	其他
耕地规模	0.005 (0.001)***	0.000 (0.000)	-0.006 (0.001)***	0.000 (0.001)	0.001 (0.001)	0.000 (0.001)
土地确权证书	0.032 (0.018)*	0.007 (0.006)	-0.015 (0.022)	-0.003 (0.011)	-0.033 (0.011)***	0.012 (0.007)*
土地灌溉率	-0.035 (0.018)*	0.008 (0.006)	0.028 (0.026)	-0.014 (0.012)	0.039 (0.013)***	-0.025 (0.01)**
农业补贴	-0.001 (0.016)	0.000 (0.003)	-0.006 (0.017)	-0.006 (0.01)	0.009 (0.008)	0.005 (0.006)
农机服务	-0.098 (0.019)***	0.004 (0.005)	0.091 (0.022)***	-0.017 (0.012)	0.025 (0.011)**	-0.005 (0.008)
中部地区	-0.064 (0.027)**	0.006 (0.007)	0.078 (0.071)	0.014 (0.016)	-0.002 (0.015)	-0.033 (0.099)
东部地区	-0.123 (0.02)***	-0.009 (0.007)	0.195 (0.023)***	-0.023 (0.012)*	-0.066 (0.014)***	0.026 (0.011)**
图书馆	0.028 (0.021)	-0.004 (0.007)	-0.032 (0.037)	-0.015 (0.014)	-0.013 (0.015)	0.036 (0.042)
样本量	454	36	1500	206	231	56

注：①括号内为标准误；②***、**和*分别表示在1%、5%和10%水平下显著；③由于合购、自购加合购两组样本稀疏，为了模型识别，将两组合并在“合购”一组中进行估计；④地区变量的参照组为西部地区。

根据表4-6中对农户使用农业机械来源影响因素的边际效应估计结果，农户选择不同来源的农业机械的影响因素的显著性及作用方向各不相同。例如户主年龄增加显著降低农户选择自购来源的概率，但显著增加了农户选择从市场上购买农机服务的概率。劳动力老龄化对农业生产的影响受地形条件、作物品种及其机械化水平等因素的制约（王善高和田旭，2018）。一般而言，随着年龄增大，农户购置农机的意愿通常下降，更愿意选择投资门槛低的农机服务。而性别变量的边际效应在自购和购买农机服务两种方式上存在相反的影响，男性户主更愿意采用自购方式，而女性更愿意通过购买农机服务来实现农业机械化。这一发现与Ji等（2012）的研究结论一致，他们通过对安徽农户

农机投资行为分析发现，男性劳动力占比增加将会显著增加农机拥有的概率。受教育程度增加有助于增加户主非农就业工作机会，有利于非农转移（Takeshima，2018），进而降低了农户自购农机的概率，而提升购买农机服务的概率。这一点在非农就业变量的边际效应上也被进一步验证，农户户主非农就业显著降低了农户选择自购农机，但对购买农机服务的影响并不显著。此外，非农就业变量对农户采用借用方式获取农机具有显著的正向效应。农户规模的扩张对合购和借用两种农业来源的选择具有显著的负向影响，由于较大的农户规模下劳动力禀赋丰富，对农机的依赖程度较低，有利于降低农户合购和借用农机的意愿。这一发现与 Ma 等（2018）的研究结论一致。信贷获取变量与购买农机服务具有显著的正相关关系。

根据农业生产特征变量的边际效应估计结果可以发现，耕地规模变量的边际效应在自购农机选择中呈现出显著的正向效应，而在农机服务购买选择中呈现出显著的负向效应。因为农业社会化服务可以突破较小的经营规模对农业机械化的约束、提高农业机械的利用效率（Yang 等，2013；方师乐等，2018；李宁等，2019），扩大农地经营规模有利于促进农户自购农机，相应地减少了农户购买农机服务的需求（Lai 等，2015；Wang 等，2018）。而土地确权证书变量的边际效应估计结果表明，拥有土地确权证将会降低农户合购和自购加借用两种来源的机械使用，但显著促进了农户选择自购农机。由于稳定的地权可以促进农户扩大生产规模，有利于降低农户自购农机的边际成本，从而促进农户选择自购农机。将进一步降低农户获取农机社会化服务的交易成本，农机服务变量对除其他来源外的 5 种渠道选择都具有显著的正相关关系。当地村委提供农机服务有利于扩大农机服务市场和农机维护保养市场，无论是自购、合购农机还是购买农机服务都可以从中受益，从而提升采用概率。此外，地区效应也是影响农户选择机械来源的重要因素。相对于地处西部地区的农户而言，地处中部地区和东部地区农户采用自购形式的概率更低，而东部地区采用购买农机服务的概率更高。

4.6 本章小结

本章基于具有全国代表性的2016年CLDS数据库，利用多元Logit模型分析了农户对不同农业机械化模式采用行为的影响因素，以及农机使用户对不同来源农机选择的影响因素。本章具体研究结论如下：

第一，平均约61.5%的农户仍未使用农业机械进行生产；购买农机服务和自购农机是农户使用农机的两大主要来源，两者共同供给了农户使用机械的78.7%，其中购买农机服务单独供给了60.4%。

第二，农户户主年龄、农户规模、耕地规模、土地确权证书、土地灌溉率和农业机械化服务都是影响农户选择半机械化生产模式和全机械化生产模式决策的重要因素。

第三，农机使用户对不同来源农机选择的影响因素实证分析结果表明，农户户主性别、耕地规模、土地确权证书显著正向影响农户选择自购农机方式，户主年龄、教育、非农就业、土地灌溉率和农机服务变量负向影响农户选择自购农机行为。而农户购买农机服务与户主年龄、教育、信贷获取和农机服务存在显著的正相关关系，户主性别与耕地规模则对农户购农机服务具有显著的负向影响。

综上所述，发展农业机械作业服务、扩大农机作业服务市场覆盖范围、增加农户农机购置补贴是促进农户采用农业机械化生产的重要政策方向。而发展土地适度规模经营、进行土地确权、提高农村教育和培训投入水平以及提供针对小农的信贷服务对增加农户农业机械供给、促进我国农业机械化发展具有重要的推动作用。

第5章　农户农业机械使用对农业劳动力投入影响的实证分析

生产要素向生产率较高的部门转移的“库兹涅茨过程”表明，解除制度障碍能够改善产业和地区间劳动力配置效率，实现第二次“人口红利”，促进中国经济持续增长（蔡昉，2017）。当前，劳动力的持续非农就业转移导致农业劳动力不断减少，农业生产呈现出老龄化和女性化趋势[①]，这些变化导致了农业劳动力成本的不断上升，而且这一趋势在未来会更加凸显。根据速水佑次郎－拉坦的诱致性技术进步理论，农业劳动力成本上升会诱致劳动节约型农业技术进步的发展，采用机械替代劳动成了农户的理性选择。在当前劳动力成本不断上涨的背景下，农业机械化成为农业改革、降低农业生产成本的重要方向之一，所以厘清农业机械化与农业劳动力投入之间的关系，对进一步验证诱致性技术进步理论的适用性和助力我国农业生产转型具有重要意义。

---

① 根据《2018年中国农民工监测报告》，2018年我国农民工的数量高达2.88亿人，其中男性占比达65.2%，1980年之后出生的新生代农民工数量占比高达51.5%。

5.1 研究问题

根据《中国统计年鉴》数据，2004～2017年农业劳动力不断减少，其占总劳动力比重从46.38%下降到31.82%，而同期农机总动力从6.4亿千瓦增长到9.9亿千瓦。农业机械技术作为节约劳动的主要体现技术，对农业发展做出了巨大贡献。具体而言，农业机械化的发展不仅有效保障粮食生产，促进农业产出增加，还弥补了劳动力二元转移带来的农业劳动力结构性短缺，促进了农业非农就业，提高了农户福利（彭代彦，2005；Yang等，2013；张宗毅等，2014；Ma等，2018）。

根据《中国统计年鉴》数据，自1978年以来中国农业劳动力投入经历了持续增长阶段，在1990年到达历史性的峰值39098万人之后，受非农产业发展、户籍和就业政策调整等“拉力”作用，劳动力非农转移不断加速，农业劳动力存量持续下降，截至2017年底降至20944万人；与此同时，农业就业人数在社会就业总量中的占比稳步下降，由1978的70.5%降低到2017年的27.0%，期间年均下降1.12个百分点（见图5－1）。目前不同学者对农业剩余劳动力的具体存量尚存争议（蔡昉，2017；赵卫军等，2018），但进一步发挥农业机械化效率优势，节约农业劳动力投入，促进劳动力非农转移，发掘农业劳动力转移潜力，是实现中国第二次“人口红利”的重要措施（蔡昉，2018）。

Hayami and Ruttan（1970）指出，农业机械化与农业劳动力投入相辅相成。在农业生产过程中，农业机械使用与农业劳动力投入是由农户家庭共同决策的，两者相互关联、互为因果（Ma等，2018）。准确控制两者同时决策和互为因果的特征，对准确评估农户农业机械投入对农业劳动力投入的影响至关重要。因此，本章的研究问题是，农户农业机械投入和农业劳动力投入分别受

到哪些因素影响？如何在实证分析中控制农户农业机械投入和农业劳动力投入的联立决策特征？如何控制两者的互为因果关系，并评估农户农业机械投入对农业劳动力投入的影响？

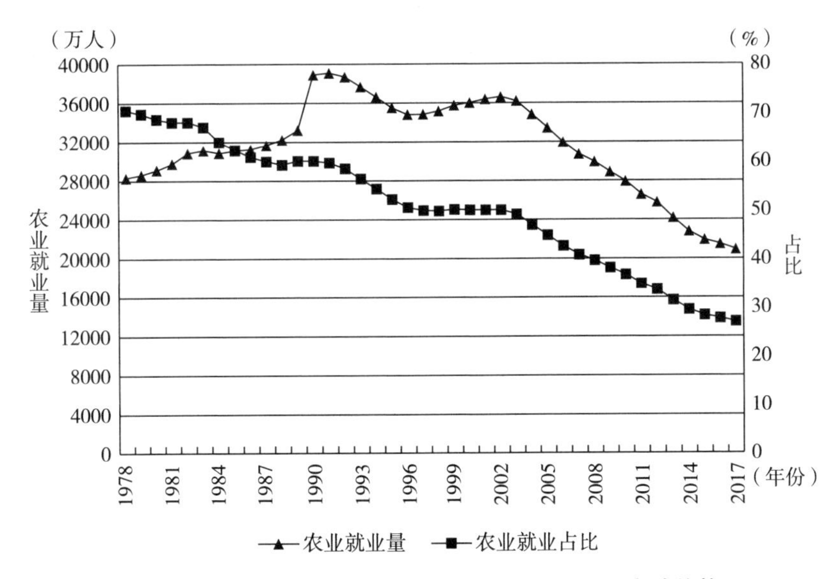

图5-1 1978~2017年中国农业就业量及其占比变动趋势

资料来源：国家统计局数据库．中国统计年鉴2018［M］．北京：中国统计出版社，2018.

针对以上研究问题，本章通过构建省级面板数据，采用递归混合过程模型（Recursive Mixed-Process Model）分析农户农业机械投入和农业劳动力投入的联立决策行为的影响因素，并评估农业机械投入对农业劳动力投入的影响。

5.2 研究设计

5.2.1 递归混合过程模型

假定农户在农业机械投入和农业劳动力投入两个方面是联合进行决策的，

这一联合决策过程会受到一系列外部因素的影响（苏卫良等，2016）。此外，为了获得农业机械投入对农业劳动力投入的具体影响，采用递归形式将农业机械投入变量纳入到农业劳动力投入方程中。因此，农业机械投入和农业劳动力投入方程的表达式如下：

$$M_{it} = \alpha_1 + \beta_{2i} X_{it} + \beta_Z Z_{it} + \beta_{D1} D_{it} + \beta_{T1} T_{it} + \varepsilon_{2it} \quad (5-1)$$

$$L_{it} = \alpha_2 + \beta_M M_{it} + \beta_{1i} X_{it} + \beta_{D2} D_{it} + \beta_{T1} T_{it} + \varepsilon_{1it} \quad (5-2)$$

其中，M_{it}表示第 i 个省份在时间点 t 的农户农业机械投入总额；L_{it}表示农业劳动力投入变量；X_{it}表示一系列影响农户农机投入和农业劳动力投入决策的控制变量，例如农户人力资本积累、农作物耕地规模、种植结构、基础设施条件等；Z_{it}表示工具变量；T_{it}表示时间虚拟变量，用来控制时间固定效应；D_{it}表示地区虚拟变量，用来控制地区固定效应；α 表示截距项；β 表示相应变量的待估计系数参数；ε_{1it}和ε_{2it}分别表示农业机械投入和农业劳动力投入方程的随机误差项。需要指出的是，方程（5－1）和方程（5－2）中对地区虚拟变量和时间虚拟变量的设置可以分别控制由于不随时间以及不随地区发生变动的因素影响（例如地形地貌和全国性政策），可以有效控制内生性和遗漏变量问题。

由于农业机械化或农业机械投入和农业劳动力投入是相互联立的，即方程残差项ε_{1it}和ε_{2it}存在潜在的显著相关关系（$\rho = corr(\varepsilon_{1it}, \varepsilon_{2it}) \neq 0$）。传统模型中采用工具变量法回归在一定程度上能够有效控制变量的内生性问题，但不能捕捉方程之间的联立关系。本章借鉴 Ma 等（2018）的研究，采用 Roodman（2011）提出的递归混合过程模型对方程（5－1）和方程（5－2）进行联合估计。为了保证模型识别和满足排除性假设条件，在估计模型时需要在方程（5－1）中包含一个额外工具变量（Instrumental Variable）。同时该工具变量需要满足外生性和相关性，即与农业劳动力投入变量不存在直接关联，但与农业机械投入变量相关。考虑到数据可得性和现实逻辑关系，本章选择农业柴油使用量作为农业机械投入的工具变量，这在逻辑上是符合现实的。农业柴油是影

响农业机械投入的主要动力来源，但是农业柴油使用量与农业劳动力投入并不存在直接的影响关系。通过皮尔逊相关系数（Person Correlation Analysis）对工具变量的有效性进行检验，结果表明农用柴油使用量与农业机械投入呈现正相关关系，相关系数为0.434，并在1%统计水平显著。而农用柴油使用量与农业劳动力投入变量在1%、5%和10%统计水平都不存在显著的相关关系。这一检验结果在一定程度上证明了采用农业柴油使用量作为农业机械投入变量的工具变量的有效性。

5.2.2　变量与数据

（1）农业劳动力投入（Labor）。采用农业劳动力占总劳动力比重[①]表示。农业劳动力占比不仅可以反映农业劳动投入水平，还是农业发展水平的重要指标（蔡昉，2018）。

（2）农业机械投入（Hmi）。农业机械化的本质是采用农业机械替代各生产环节中的人畜力，一般通过自购农机和购买农机服务两个渠道来实现（曹阳和胡继亮，2010；Ji等，2012；Wang等，2016），前者可以采用农民农机购置投入指标表示，而后者则由于缺乏相关统计，采用与农机服务投入对称的农业机械化收入作为代理指标，将二者加总可以得到农户农机总支出[②]。

（3）其他控制变量。根据前文文献回顾，本书选取如下变量作为控制变量：①土地投入。采用农作物总播种面积表示。②受教育程度（Edu）。采用农村居民教育水平指标。一般而言，教育能够提高劳动生产率和农业生产投资的收益（Becker，1964）。③种植结构（Str）。考虑到小麦和水稻的机械化程度相差较大，将种植结构细分为小麦播种面积占比（Wheat）和水稻播种面积占比（Rice）。④基础设施（Inf）。采用公路密度表示。公路设施的完善加速

① 根据官方统计数据，农业劳动力采用第一产业从业人员表示，总劳动力采用三次产业总从业人员表示。

② 考虑到农机购置补贴最终也反映到农户农业机械投资上，为避免变量共线性陷阱，模型中未添加农机购置补贴变量。

农业机械的推广和应用，促进了农业机械跨区作业。

由于2004年前的统计资料没有统计农机投入、2018年相关数据并未公开发布，同时考虑到2004年开始实施《中华人民共和国农业机械化促进法》，为避免政策因素和缺失数据影响，本书采用30个省份（除港澳台地区和西藏）2004~2017年构成的平衡面板数据进行分析。为避免受价格波动的影响，本章采用2004年为基期（=100）的机械化农具生产资料价格指数对各年份农业机械化总投入进行平减。以上数据主要来源于2005~2018年《中国统计年鉴》、《中国农村统计年鉴》、《中国农业机械工业年鉴》、各省份的统计年鉴等统计资料。各变量描述性统计如表5-1所示。

表5-1 相关变量描述性统计情况

变量	单位	均值	标准差	最小值	最大值
劳动力投入（Labor）	%	37.629	15.222	3.092	71.964
农业机械投入（Hmi）	万元	1334901.000	1058100.000	21032.390	4804958.000
农地面积（Land）	千公顷	5337.958	3604.592	120.940	14767.590
农村居民受教育程度（Edu）	年	8.060	0.794	5.368	10.514
交通设施（Road）	千米/平方千米	0.808	0.477	0.039	2.109
小麦种植比例（Wheat）	%	12.667	11.514	0.000	38.789
水稻种植比例（Rice）	%	18.464	16.813	0.000	62.157
农用柴油使用量（Oil）	万吨	67.605	69.010	2.200	487.030

5.2.3 农户农业机械投入变化趋势

本节针对核心变量农户农业机械化投入变量，在描述性统计基础上进一步分析其变动趋势（见表5-2）。自《中华人民共和国农业机械化促进法》颁布后的2004~2013年，农户农业机械化实际投入不断增加，平均年增长率达8.6%。农户农机化总投入由2004年的26.7亿元持续增长到2015年的峰值5009.2亿元。2014年国家出台的《关于全面深化农村改革、加快推进农业现

代化的若干意见》指出，需要加快大田作物生产全程机械化，同时主攻部分农业机械化水平较低的薄弱环节，相应地，农业机械结构需要不断进行优化。从2015年开始，农户农机投入呈现出小幅下降的趋势，到2017年下降到4688.3亿元，但仍处于历史高位。通过表5-2中两种主要投入变动趋势可知，这一期间农户农机总投入下降主要是由于农户农机购置投入下降所导致，农户农机购置投入在2015~2017年下降了137.8亿元。

表5-2　2004~2017年农户农业机械化投入变动趋势

年份	农业机械总投入（农机购机+农机服务）	农机购置投入	农机服务投入	机械化农具生产资料价格指数
2004	267068.34	24918.42	242149.92	100.00
2005	283352.43	28603.90	254748.53	102.30
2006	303255.34	30771.15	272484.19	103.83
2007	316030.87	33200.46	282830.40	105.60
2008	336720.96	35555.39	301165.57	115.10
2009	388032.78	52501.02	335531.77	116.14
2010	413833.75	59967.79	353865.96	117.77
2011	417913.80	60455.36	357458.44	123.18
2012	448120.57	68136.99	379983.57	125.77
2013	474294.25	70176.73	404117.52	126.40
2014	489843.71	68311.97	421531.74	127.16
2015	500920.00	65784.69	435135.31	126.90
2016	489192.98	64611.81	424581.17	126.90
2017	468826.02	54532.97	414293.06	128.81

注：①农业机械投入的单位为百万元；②农机服务投入以其对偶的农机经营收入作为代理指标；③机械化农具生产资料价格指数以2004年为基期进行平减，反映机械化农具的实际价格变动情况。

此外，农机购置补贴政策的实施，加上农机具价格的稳定，为农户农机购置提供了良好的政策和市场条件。根据官方统计数据，中央财政投入的农业机械购置补贴金额从2004年的7000万元增加到2017的186亿元，增长幅度接近265倍。而同一时期，农机具也保持了较为稳定的价格[①]，2004～2017年价格年均增长率为2.2%。相对劳动力价格增长速度，农机具价格甚至是持续下降的（Wang等，2016）。政策补贴和市场价格的稳定，使越来越多的农户选择自购农机进行生产或对外提供服务。根据表5－2可知，2004～2017年，农户农机购置的实际投入年均增速为9.1%，明显高于农机服务实际投入5.5%的年均增长率。需要注意的是，虽然农户农机购置投入的增速较快，但由于我国小农户生产的现实，农机服务投入仍然主导着农户农业机械投入，2004～2017年农机服务投入规模是农机购置投入的6.2倍。

5.3 实证估计结果、解释及讨论

采用Roodman（2011）的cmp估计方法，利用全信息最大似然估计量（Full－Information Maximum Likelihood，FIML）对方程（5－1）和方程（5－2）进行联合估计，相应估计结果如表5－3所示。根据表5－3可知，ε_{1it}和ε_{2it}的相关系数变量ρ_{12}在5%统计水平显著，表明方程（5－1）和方程（5－2）存在相关性，需要进行联合估计，也表明本节采用递归混合过程模型的有效性。同时，ρ_{12}的符号为正，表明农业机械投入与农业劳动力投入是互补性决策，这一结论与Ma等（2018）的发现一致。

根据农业机械投入方程的估计结果，农地面积变量系数在1%统计水平显著，表明农地面积每增加1%，农业机械投入将会增长0.39%。由于农业机械技术具有规模偏向特征，增加农业土地经营规模，有利于促进农业机械投入增长。

① 参考Wang等（2016）的研究，这里采用2004年为基期的机械化农具生产资料价格指数从侧面反映农业机械化的价格水平。其中机械化农具指由动力机械驱动或牵引的作业机具，包括大中型和小型拖拉机（含手扶拖拉机）、柴油机、电动机、机引犁、机动插种机、机动插秧机、机动脱粒机、机动收割机、机动扬场机、粉碎机、挖坑机、抽水机、农用泵等。

表 5 - 3　农业机械投入与农业劳动力投入的递归混合过程模型估计结果

变量	农业机械投入	农业劳动力投入
农业机械投入（ln_Hmi）		-0.047（0.014）***
农地面积（ln_Land）	0.387（0.103）***	0.012（0.017）
人力资本（ln_Edu）	-0.224（0.224）	-0.119（0.028）***
公路设施（ln_Road）	0.001（0.071）	-0.027（0.012）**
小麦种植比例（Wheat）	0.015（0.005）***	0.000（0.001）
水稻种植比例（Rice）	0.006（0.005）	0.001（0.001）
地区固定效应		
天津	-0.620（0.144）***	0.042（0.009）***
河北	-0.859（0.333）**	0.381（0.041）***
山西	0.176（0.249）	0.372（0.033）***
内蒙古	-0.116（0.354）	0.401（0.053）***
辽宁	-0.063（0.308）	0.279（0.038）***
吉林	0.136（0.334）	0.376（0.043）***
黑龙江	-0.408（0.407）	0.360（0.053）***
上海	-1.698（0.177）***	-0.081（0.026）***
江苏	-0.134（0.338）	0.235（0.041）***
浙江	-0.302（0.340）	0.147（0.037）***
安徽	0.222（0.345）	0.390（0.042）***
福建	-0.252（0.327）	0.230（0.037）***
江西	0.274（0.442）	0.285（0.053）***
山东	0.032（0.329）	0.399（0.042）***
河南	-0.385（0.340）	0.474（0.046）***
湖北	0.130（0.348）	0.428（0.042）***
湖南	0.956（0.434）**	0.428（0.051）***
广东	-0.232（0.372）	0.219（0.044）***
广西	0.526（0.380）	0.507（0.047）***
海南	-0.541（0.274）**	0.387（0.031）***
重庆	0.191（0.305）	0.340（0.036）***
四川	0.280（0.369）	0.401（0.047）***
贵州	0.148（0.347）	0.278（0.043）***

续表

变量	农业机械投入	农业劳动力投入
云南	-0.374（0.352）	0.538（0.046）***
陕西	-0.682（0.262）***	0.383（0.035）***
甘肃	-0.126（0.282）	0.530（0.040）***
青海	-0.903（0.252）***	0.205（0.038）***
宁夏	-0.596（0.210）***	0.535（0.026）***
新疆	-0.265（0.323）	0.403（0.049）***
时间固定效应		
2005年	0.023（0.038）	-0.007（0.007）
2006年	0.088（0.064）	-0.001（0.009）
2007年	0.140（0.068）**	-0.010（0.009）
2008年	0.179（0.068）***	-0.014（0.009）
2009年	0.292（0.071）***	-0.015（0.010）
2010年	0.354（0.073）***	-0.021（0.010）**
2011年	0.358（0.075）***	-0.033（0.011）***
2012年	0.397（0.079）***	-0.039（0.011）***
2013年	0.400（0.080）***	-0.059（0.012）***
2014年	0.407（0.083）***	-0.066（0.012）***
2015年	0.428（0.084）***	-0.070（0.013）***
2016年	0.391（0.085）***	-0.076（0.012）***
2017年	0.332（0.093）***	-0.084（0.013）***
农用柴油使用量（ln_Oil）	0.492（0.074）***	
常数项	8.703（0.652）***	0.840（0.108）***
Log Pseudolikelihood	1374.29	
Chi2统计量	166706.30***	
ρ_{12}	0.229（0.107）**	
观测值	420	

注：①括号内为标准误；②***、**和*分别表示在1%、5%和10%的水平下显著；③地区参照组为北京，时间参照组为2004年。

这一发现与 Lai 等（2015）的研究结论一致，他们通过分析河北和山东两省的玉米种植户数据发现，农业机械使用与农户总经营面积显著相关。此外，FAO 在 2016 年针对非洲撒哈拉地区的研究报告也指出，大规模经营农户更容易采纳农业机械，而经营面积小于 2 公顷的传统小农户在农业机械化过程中将会遇到极大阻力。此外，经营规模与农业机械投入的关系还受到种植作物种类的影响。相对于粮食作物，蔬菜等经济作物在生产中的机械化难度更高（Luo 和 Escalante，2015）。通过作物种植结构变量的系数估计，发现小麦种植比例与农业机械投入存在显著的正相关关系，而水稻种植比例对农业机械投入的影响不显著。结论表明增加小麦种植面积比例，可以显著促进农业生产过程中的农业机械投入。这主要是由于小麦生产的机械化技术较为成熟，农业机械化水平较高（刘玉梅和田志宏，2008；张宗毅等，2009）[①]。此外，农用柴油使用量与农业机械投入也存在显著的正相关关系，农用柴油投入增加，随着农业机械投入增长。

在农业劳动力投入方程的估计结果中，本书重点关注农业机械投入对农业劳动力投入的影响。结果发现，农业机械投入对农业劳动力投入存在显著的负向降低效应。在控制其他变量不变的基础上，每增加 1% 农业机械投入，将会促进农业劳动力占总劳动力比例下降 0.05 个百分点，这在一定程度上验证了速水佑次郎—拉坦式诱致性技术进步理论。作为劳动节约型技术的主要代表，农业机械投入可以有效节约农业劳动时间，促进农户家庭时间分配向非农活动和闲暇消费上倾斜。

农业劳动力投入方程中其他变量的系数估计结果表明，农村居民平均受教育年限变量和公路设施变量的系数分别在 1% 和 5% 统计水平下显著，表明农村居民受教育年限增加和公路设施建设可以显著减少农业劳动力投入，促进农

① 例如根据国家统计数据，我国小麦在耕种环节机械化率在 2016 年已经达 95%，而水稻在 2018 年的机插（播）率才刚超过 48%（参见 http：//www. moa. gov. cn/ztzl/2018zyncgzhy/pd/201901/t20190102_6165892. htm）。

民非农转移。在现实中，人力资本积累越高，在非农就业市场越具有竞争优势，更有利于农村劳动力找到合适的工作岗位实现劳动力转移。

农业机械投入方程中地区和时间虚拟变量的系数估计结果表明，相对于北京，其他各省份的农业机械投入各有差异，相对于 2004 年基期，农户农业机械投入在不同年份都有不同程度的增长。根据农业劳动力投入方程的地区虚拟变量系数估计结果，仅上海的农业劳动力投入比例比北京更低，而其他各省份均高于北京。其主要原因在于北京和上海经济相对发达，农业产业份额和农业劳动力投入占比相对较低。由于我国整体经济快速发展，农业产出份额在经济发展过程中不断下降。相对于 2004 年基期的农业劳动力投入水平，之后历年农业劳动力投入占总劳动力比例都呈现不同程度的下降。

5.4　稳健性检验

一般文献对农业机械化进程的衡量多采用农业机械总动力，包括耕作、排灌、收获、农业运输、植物保护机械和牧业、林业、渔业以及其他农业机械，其是反映综合机械化程度的关键指标之一（周晓时，2017；李谷成等，2018）。为了对以上实证分析结果进行稳健性检验，参考已有针对农业机械化的研究，将农业机械投入替换为文献中常用的农业机械总动力来反映农业机械化指标，重新对方程（5－1）和方程（5－2）进行联合估计，具体的估计结果如表 5－4 所示。

根据表 5－4 中模型估计结果，可以发现农业机械总动力变量的系数为 －0.044，且在1% 水平拒绝了系数为0 的原假设，说明农业机械总动力增长对农业劳动力投入同样具有显著的降低作用，其效应与农业机械投入变量的效应估计值（－0.047）相近，反映出上文实证分析结果具有一定的稳健性。

表 5－4　农业机械总动力与农业劳动力投入的递归混合过程模型估计结果

变量	农业机械总动力	农业劳动力投入
农业机械总动力（ln_Mpower）	—	－0.044（0.014）***
农地面积（ln_Land）	0.560（0.087）***	0.018（0.019）
人力资本（ln_Edu）	－0.547（0.225）**	－0.133（0.028）***
公路设施（ln_Road）	0.095（0.063）	－0.023（0.011）**
小麦种植比例（Wheat）	0.002（0.003）	－0.000（0.001）
水稻种植比例（Rice）	0.006（0.005）	0.001（0.001）
农用柴油使用量（ln_Oil）	0.516（0.056）***	—
地区固定效应	控制	控制
时间固定效应	控制	控制
常数项	2.708（0.557）***	0.554（0.072）***
Log Pseudolikelihood	1449.96	
Chi2 统计量	253842.15***	
ρ_{12}	0.156（0.089）*	
观测值	420	

注：①括号内为标准误；②***、**和*分别表示在 1%、5%和 10%水平下显著；③地区参照组为北京，时间参照组为 2004 年。

5.5　本章小结

农业机械化与农业劳动力投入相辅相成，在农户农业生产实践中被共同决策。本章基于 2004～2017 年省级面板数据，利用递归混合过程模型（Recursive Mixed－Process Model）控制了农业机械投入与农业劳动力投入之间的联立性和互为因果特征，评估了农户农业机械投入对农业劳动力投入的影响。

研究结果表明，第一，农业机械化与农业劳动力投入存在联立相关性，且两者属于互补型决策；第二，农业机械化可以显著降低农业劳动力投入。农户每增加1%的农业机械投入，将会使农业劳动力占总劳动力比例显著下降0.05个百分点；第三，增加农地面积、小麦种植比例和农用柴油使用量可以显著提高农户农业机械投入；第四，农村居民受教育年限增加和公路设施建设显著降低了农业劳动力投入。

综上所述，在劳动力成本不断上升的背景下，本章的研究结论对农业可持续发展具有重要的政策含义。农业劳动力占总劳动力份额的下降是资源重新配置的库茨涅茨改进，也是兑现人口红利的过程（蔡昉，2018）。促进农户农业机械投入，不仅是保障农业生产和粮食安全的有效途径，而且是我国实现农业发展和二元经济转型的重要手段。

第 6 章　农户农业机械使用对农药投入影响的实证分析

已有文献在对农业机械使用的影响分析中，多集中于考察其对土地规模和农业劳动力投入的影响，而对其他农资要素投入影响的关注不足。农资要素一般包括农药、种子、化肥、农膜、燃料等，其中农药作为核心投入要素，对外部环境的影响最大。农药超标或不当使用不仅造成环境污染，还威胁着人类的健康，降低农药使用量成为现代农业政策的重要目标之一（王志刚和吕冰，2009；王常伟和顾海英，2013；蔡键，2014）。传统上农药的使用大多通过手动方式进行，但是随着机械化的发展，农药喷洒越来越依赖于农业机械。但是农业机械使用是增加了农药投入还是降低了农药投入？对此，已有文献中尚未出现较为严谨的实证分析。在控制农业机械使用的自选择效应基础上，本章利用微观农户调查数据和内生转换模型实证分析了农业机械使用与农药投入的关系。

6.1　研究问题

现代农业越来越依赖于草药和虫药等农药投入，农药的使用极大地提高了农业生产率，但却伴随着一系列关于环境和身体健康的负向外部效应（Schreinemachers 和 Tipraqsa，2012；Ghimire 和 Woodward，2013；Myriam 等，2017）。Richter（2002）发现，世界范围内平均每年有 2600 万农药中毒案件并导致 22 万死亡案例。改革开放后中国农药投入快速增长，成为世界上最大的农药投入国家。具体而言，农药投入量从 1990 年的 7.65 万吨增加到 2014 年的 17.63 万吨（见图 6－1），且自 1995 年开始长期占据全球总农药投入量的 40%以上。因此，为了控制农药过度投入，减少农药使用带来的环境污染和健康问题，中国政府在 2015 年颁布了《到 2020 年农药使用量零增长行动方案》等一系列相关政策来执行农药减施计划，发展环境友好的现代农业（王建华等，2015；高扬等，2017；李昊等，2018；Jin 和 Zhou，2018）。

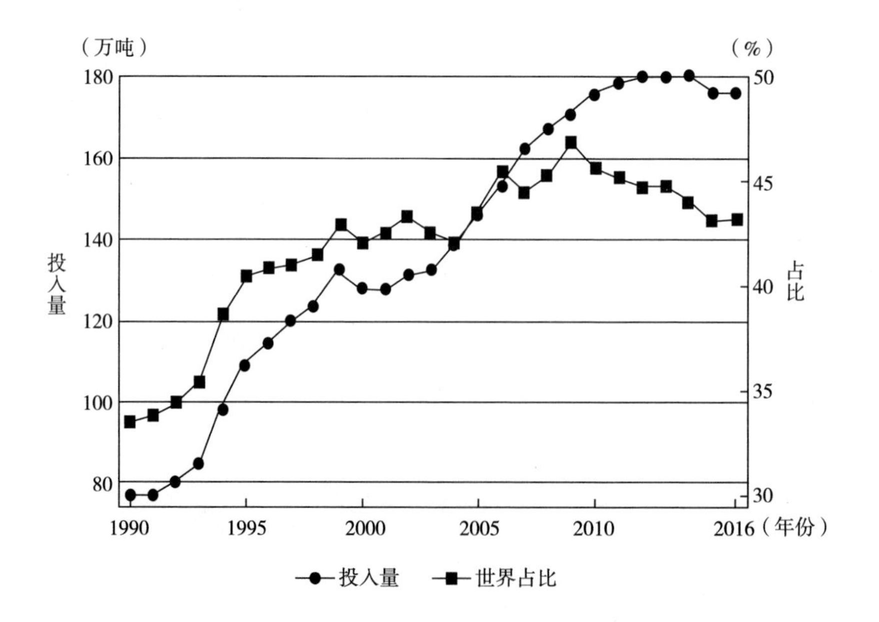

图 6－1　中国农药投入数量及世界投入占比变动趋势

资料来源：FAO STAT。

尽管农药投入可以促进农业生产和保障粮食产出，但是农药的过量施用也伴随着一系列负向外部效应，例如人体健康、生态破坏等（Antle 等，1994；Hanazato，2001；Wilson 和 Tisdell，2001；Huang 等，2005；Ngowi 等，2007；王建华等，2015；Stoler 等，2017）。例如，Lai 等（2015）的一项关于中国的研究发现，每增加10%的农药投入将会增加213万元的健康和家庭护理支出。因此，以提高食品安全和农业可持续发展为目的的一系列政策和措施，例如最大农药残留限制（Maximum Pesticide Residue Limit，MRL）和综合害虫管理（Integrated Pest Management，IPM）实践在发达和发展中国家推出来限制过度农药投入和滥用。例如，Midingoyi 等（2018）利用肯尼亚芒果生产农户数据发现综合害虫管理技术可以降低芒果生产中的农药投入。而在另一项关于荷兰的研究中，Skevas 等（2012）发现包括税收、价格惩罚、补贴以及配额等不同的经济政策实施效果中，农药配额政策在降低农药投入上具有更高的效率。除了农药过度使用对环境和人体健康的影响，农药对可持续农业发展的负向效应也被广泛研究（Antle 等，1994；Ghimire 和 Woodward，2013；Skevas 等，2013；Alam 和 Wolff，2016）。尽管当前农药使用存在一系列负向外部效应，但农户的农药投入在一些发展中国家仍然维持较高水平（Carvalho，2006；Boussemart 等，2011）。

农业机械在可持续农业（Sustainable Agriculture）和保护性农业（Conservation Agriculture）发展中扮演着重要的角色（周渝岚，2014；Benin，2015；Wang 等，2016；Fischer 等，2018；Ma 等，2018；Zhou 等，2018）。已有关于农业机械化的研究更多关注于农业机械总动力或农业生产中机械化整体状况，而并未针对某一个具体环节例如农药喷洒环节机械使用情况进行具体分析（Zhou 等，2018；郑适等，2018）。农业机械使用对农药投入的影响方向是不确定的。一方面，农业机械使用可以帮助提高农药喷洒效率，进而降低农药投入量；另一方面，农业机械使用可以通过缓解农药投入的内外部约束（例如管理能力较低和身体健康状况较差）增加农药支出。

因此，本章的研究问题是：农户在农药施用环节使用农业机械的行为受到哪些因素的影响？使用农业机械是否影响了农药投入？如果有影响，其影响方向和大小如何？为了对这些问题进行回答，本章基于农户层面微观调研数据，利用内生转换模型控制内生性问题，定量分析农业机械使用对农药支出的影响。

6.2 研究设计

6.2.1 农药投入环节农机使用决策模型

假定农民是理性经济人，他们将会考虑使用机械喷洒农药时的农药投入成本与未使用农机喷洒时的差异 A_i^*。假定使用机械喷洒农药时农药支出为 A_U^*，未使用机械喷洒农药时农药支出为 A_N^*，那么两者之间的差异即为使用机械带来的农药支出节省，即 $A_i^* = A_U^* - A_N^*$。农户在 $A_i^* < 0$ 时使用农业机械喷洒农药，反之则不使用。但是 A_i^* 是一个不可观测的潜变量，其可以被表示为如下方程：

$$A_i^* = Z_i\beta + \mu_i \quad A_i = 1 \text{ if } A_i^* < 0 \tag{6-1}$$

其中，A_i是一个表示农户 i 在农药投入生产环节农业机械使用状态的二元变量。$A_i = 1$ 表示农户使用农业机械进行农药投入，$A_i = 0$ 则表示未使用农业机械进行喷施农药；Z_i表示一个农户家庭和农业生产层面的特征向量（例如，户主年龄、性别、受教育程度、非农就业状态、农户规模、生产规模等）；β 表示附属待估计参数；μ_i是一个服从标准正态分布的随机干扰项。根据潜变量模型分析框架，农户 i 使用农业机械进行农药施用的概率可以用如下方程表示：

$$\Pr(A_i = 1) = \Pr(A_i^* < 0) = \Pr(\mu_i < -Z_i\beta) = 1 - F(-Z_i\beta) \tag{6-2}$$

方程（6-2）中F（·）表示μ的累积密度函数。

在方程（6-1）和方程（6-2）中，可观测变量例如户主的非农就业参与状态、耕地规模与农业机械使用可能会存在内生关系。具体地，由于户主非农就业参与可能会导致劳动损失效应（Lost-Labor Effect）进而诱致农户使用机械进行劳动替代（Ma等，2018）。而对于耕地规模，农业机械本身属于一个具有规模偏向的农业技术，拥有较大规模的农户更倾向于使用农业机械，而小规模农户由于土地狭细而降低农业机械使用意愿。对于以上两个变量的潜在内生性，本章参照Ma和Abdulai（2016）的做法，采用基于Hausman检验的稳健回归模型——两阶段控制方程（Two-Stage Control Function）法来控制其内生性（Wooldridge，2015）。需要指出的是，针对以上非农就业和耕地规模两个潜在内生变量，至少需要两个有效的工具变量来进行识别。工具变量需要与满足与潜在内生变量显著相关，但与结果变量即农药投入不相关。本章采用农户户主外出就业难度感知和农业生产中雇佣劳动投入分别作为非农就业和耕地规模的工具变量。农户户主对外出就业工作的难度感知是影响农户外出就业的重要因素，但对农药投入并不存在直接关联。而农业生产中雇佣劳动投入可以显著影响耕地规模的扩大，大规模农户更倾向于独立采用雇佣劳动进行生产，在实际调研中发现雇佣劳动市场或雇佣劳动投入对农业机械使用并没有显著影响。根据两阶段控制方程模型，在本章实证分析中，需要分别针对两个内生变量进行回归得到残差预测值，并作为额外回归变量进入到农业机械化使用方程（6-2）中来控制内生性。

6.2.2　效应评估与选择性偏差

本章关注的是农药投入环节农业机械使用对农药投入的影响。给定结果变量即农药投入是一个关于农户家庭和生产特征以及农业机械使用的方程，表示如下：

$$P_i = X_i\eta + A_i\gamma + \varepsilon_i \tag{6-3}$$

其中，P_i表示结果变量即农户 i 的农药投入；X_i表示农户家庭和生产层面特征变量；A_i表示农户使用农业机械进行农药投入的指示变量；η 和 γ 分别表示相应变量的附属待估计参数；ε_i表示一般随机干扰项。

在农药投入环节，农户对农业机械的使用并非随机的，而是根据自身特征进行自愿选择。农户是否使用农业机械进行农药施用不仅受农户家庭和生产层面特征等可观测因素等影响，还同时会受到农户管理能力、农户使用农业机械动机等不可观测因素的影响。例如，相对于普通农户而言，拥有更高农场管理能力的农户可以更有效率地使用农业机械来喷施农药。因此，结果方程（6－3）中的随机误差项将会与选择方程（6－2）中随机误差项存在潜在的相关关系（$\rho = corr(\varepsilon, \mu) \neq 0$）。对农户使用农业机械对农药投入影响的估计中，加入可观测变量 X_i 能够有效控制由可观测因素带来的选择性偏误，但若忽视不可观测因素的影响，仍将对估计结果产生选择性偏误（Selectivity Bias）。在自选择问题发生时，可以采用倾向得分匹配法（Propensity Score Matching，PSM）来进行控制并获取平均处理效应（Asfaw 等，2012）。但是 PSM 方法的一个主要缺陷是其仅能控制由于可观测因素带来的选择性偏误，而不能控制由于不可观测因素带来的选择性偏误问题。为了估计对农药投入的影响因素和农业机械使用对农药投入的影响，并同时控制由于可观测因素和不可观测因素带来的选择性偏误，本章采用 Lokshin 和 Sajaia（2004）提出的内生转换回归（Endogenous Switching Regression，ESR）模型进行实证分析。

6.2.3 内生转换回归模型

内生转换回归模型是一个两阶段联立估计模型。第一阶段，对农药投入环节农业机械使用的影响因素（即选择方程）进行估计分析；第二阶段，针对农业机械使用情况分别对农药投入影响因素（即结果方程）进行分析。在第二阶段，根据农户农业机械使用情况，结果方程可以分别表示如下：

情境 1（使用农机）：$Y_{iU} = X_i\beta_{iU} + \varepsilon_{iU} \text{ if } A_i = 1$ （6－4a）

情景2（未使用农机）：$Y_{iN}=X_i\beta_{iN}+\varepsilon_{iN}$ if $A_i=0$ (6-4b)

其中，Y_{iU}和Y_{iN}分别表示使用农业机械和未使用农业机械情境下的结果变量即农药投入；X_i定义如上文，代表农户家庭和生产层面可观测特征；β_{iU}和β_{iN}分别表示附属待估计参数；ε_{iU}和ε_{iN}表示随机误差项。

这里需要指出的是，方程（6-4a）和方程（6-4b）中X_i向量和选择方程（6-2）向量Z_i允许存在变量交叠（Variables Overlap），但为了满足方程估计识别条件（即排除性限制），需要至少一个额外工具变量只出现在向量Z_i中，而不出现在向量X_i中。如前所述，有效的工具变量需要满足相关性和外生性条件，本章参考已有文献（Janvry 和 Sadoulet，2001；Che，2016；Ma 等，2018），采用村级层面农药投入环节农业机械使用率作为工具变量。由于同伴效应（Peer Effects），村级层面农药投入环节农业机械使用率会影响农户个体使用农业机械决策，但对农户农药投入没有直接影响。通过 Person 相关系数检验，结果发现村级层面农药投入环节农业机械使用率与农户农业机械使用变量存在正向显著相关，而与农户农药投入的相关系数不存在统计显著性。

方程（6-4a）和方程（6-4b）中X_i向量可以用来控制可观测因素带来的选择性偏误。在 ESR 模型框架中，可以允许同时控制由可观测和不可观测因素带来的选择性偏误。具体而言，Heckman（2010）指出在估计选择方程后计算选择偏差纠正项（Selectivity - correction Term）或逆米尔斯比率（Inverse Mills Ratios，IMR），将其作为额外估计变量代入结果方程进行估计可以控制由不可观测因素带来的选择性偏误。假定λ_U表示农业机械使用者的选择偏差纠正项，λ_N表示农业机械未使用者的选择偏差纠正项，将其分别代入结果方程（6-4a）和方程（6-4b）中得到：

$$Y_{iU}=X_i\beta_{iU}+\sigma_{\mu U}\lambda_U+\vartheta_{iU} \quad \text{if} \quad A_i=1 \tag{6-5a}$$

$$Y_{iN}=X_i\beta_{iN}+\sigma_{\mu N}\lambda_N+\vartheta_{iN} \quad \text{if} \quad A_i=0 \tag{6-5b}$$

其中，选择偏差纠正项λ_U和λ_N用来控制由于不可观测因素带来的选择性偏误；$\sigma_{\mu U}$和$\sigma_{\mu N}$为相应的待估计参数；ϑ_{iU}和ϑ_{iN}为均值为0的随机干扰项。

ESR 模型同样可以用来估计农业机械使用对农药投入的平均处理效应。具体而言，基于反事实分析（Counterfactual Analysis）框架，通过比较农户使用农业机械（未使用农业机械）与其反事实情境下的农药投入预测值差异，可以估计出针对处理组（控制组）的平均处理效应。针对处理组（使用农业机械）和控制组（未使用农业机械）的农药投入预测值可以表示如下：

$$E(Y_{iU} \mid A=1) = X_i\beta_{iU} + \sigma_{\mu U}\lambda_U \tag{6-6a}$$

$$E(Y_{iN} \mid A=0) = X_i\beta_{iN} + \sigma_{\mu N}\lambda_N \tag{6-6b}$$

同样地，针对反事实情境下处理组（使用农业机械）和控制组（未使用农业机械）的农药投入预测值可以表示如下：

$$E(Y_{iN} \mid A=1) = X_i\beta_{iN} + \sigma_{\mu N}\lambda_U \tag{6-7a}$$

$$E(Y_{iU} \mid A=0) = X_i\beta_{iU} + \sigma_{\mu U}\lambda_N \tag{6-7b}$$

农户使用农业机械和未使用农业机械与其各自反事实情境下的农药投入预测值差异即针对处理组的平均处理效应（Average Treatment Effect on Treated, ATT）和针对控制组的平均处理效应（Average Treatment Effect on Untreated, ATU）可以被表示如下（Lokshin 和 Sajaia，2004；Kabunga 等，2012）：

$$ATT = E(Y_{iU} \mid A=1) - E(Y_{iN} \mid A=1) = X_i(\beta_{iN} - \beta_{iU}) + \lambda_{iU}(\sigma_{\mu U} - \sigma_{\mu N}) \tag{6-8a}$$

$$ATU = E(Y_{iU} \mid A=0) - E(Y_{iN} \mid A=0) = X_i(\beta_{iU} - \beta_{iN}) + \lambda_{iN}(\sigma_{\mu U} - \sigma_{\mu N}) \tag{6-8b}$$

6.3 数据和描述性统计

6.3.1 数据说明

本章实证分析中所采用的数据来自于 2017 年 1 月对中国玉米种植户的随

机抽样调查，所涉及变量信息均来自2016年生产周期。调研采用多阶段分层随机抽样法进行农户入户抽样。在抽样第一阶段，基于地理位置和经济发展程度，随机抽取3个省份，分别是甘肃、河南和山东。其中山东位于东部地区，属于东部最发达的省份之一。河南和甘肃分别位于中部平原地区和西部山地丘陵地区，兼顾了不同地理条件下的农业生产类型。2016年，山东、河南和甘肃三个省份玉米播种面积占全国的20.5%，玉米产量分别为20.65百万吨、17.46百万吨和5.61百万吨，合计占中国玉米总产量的16.6%；在抽样第二阶段，在每个省份分别随机选取一个城市，其中在山东选择菏泽，在河南选择三门峡，在甘肃选择定西作为调查点；在抽样第三阶段，分别在每个城市随机选取3个村进行入户调查。每个村随机抽取45~50户农户进行面对面访谈调研，最终共计获取了493份农户样本。

入户调查通过雇佣当地大学受过培训的调研员，同时采用普通话和当地方言，利用详细的结构化问卷与农户进行面对面访谈。调查问卷覆盖了农户自身和玉米生产层面特征（例如年龄、性别、受教育程度、农户规模、经营土地面积）、农业机械使用情况、农业生产投入（例如化肥、种子、农药等）、外出务工状态、家庭信贷获取情况等信息[①]。

6.3.2 变量的描述性统计

表6-1中呈列了相关变量的定义和描述性统计。本章实证模型中的核心解释变量为农业机械使用，具体采用二分类变量0和1表示，其中1表示农户使用农业机械喷施农药，0表示农户未使用农业机械喷施农药。结果变量为农药投入，具体采用单位面积上的农药投入额衡量。在表6-1中，结果表明57.6%的样本农户在农药投入环节使用了农业机械。农户平均在每亩耕地上的农药投入为25.8元/亩，其中草药投入为14.6元/亩，虫药投入为11.2元/亩。

① 由于调研时间内，部分农户并未出售其2016年玉米产出，因此问卷中并未涉及玉米生产收入信息。

表 6－1　变量定义及其描述性统计

变量	变量定义	均值	标准差
农药投入	亩均农药投入支出（元/亩）	25.752	28.698
草药投入	亩均草药投入支出（元/亩）	14.590	16.730
虫药投入	亩均虫药投入支出（元/亩）	11.160	18.230
农业机械使用	1＝农户使用农业机械喷施农药；0＝其他	0.576	0.495
年龄	户主年龄（岁）	46.787	10.323
性别	1＝男性；0＝其他	0.836	0.371
受教育程度	户主受教育年限（年）	6.779	2.760
非农就业	1＝户主参与非农就业；0＝其他	0.712	0.453
务农年限	户主参与农业经营年限（年）	25.440	10.540
风险偏好	风险偏好指标（1～10）	2.586	1.865
农户规模	农户家庭人口数量（人）	4.552	1.447
信贷获取	1＝农户获得信贷支持；0＝其他	0.428	0.495
交通状况	1＝从农户到附近车站或火车站交通便利；0＝其他	0.753	0.432
耕地面积	农户经营耕地总面积（亩）	3.514	2.956
农业补贴	1＝农户获得农业补贴；0＝其他	0.221	0.415
农技服务	1＝农户获得农技服务支持；0＝其他	0.203	0.403
农技服务满意度	农户对当地政府提供的农技服务满意度（1～5）	2.673	1.152
环保项目	1＝农户所在村发布或实施环保相关项目；0＝其他	0.807	0.395
甘肃	1＝甘肃农户；0＝其他	0.327	0.469
河南	1＝河南农户；0＝其他	0.345	0.476
山东	1＝山东农户；0＝其他	0.329	0.470

注：①1 亩＝1/15 公顷。②农户风险偏好自我报告，从 1 到 10 分别从风险厌恶到风险偏好的程度。③农户对当地政府提供的农技服务满意度：5＝非常满意；4＝满意；3＝一般满意；2＝不满意；1＝非常不满意。

根据表 6－1 可知，样本中农户户主的平均年龄为 47 岁，家庭平均规模为 5 人。男性户主（83.6%）的比例远高于女性户主（16.4%），且户主平均都完成了小学教育，平均受教育年限为 6.8 年。大约有 71.2% 的农户户主在 2016 年参与了非农就业。此外，样本农户平均经营 3.5 亩耕地，表明样本中仍以小农户为主。

表6－2中为农业机械使用与未使用农户相关变量的均值差异比较结果。针对农药投入，相对于农业机械未使用者，农业机械使用者的农药投入平均少了14.07元/亩，且这种均值差异在1%的统计水平显著。将农药投入细分为草药投入和虫药投入可以发现，农业机械使用者的投入同样显著低于农业机械未使用者。通过分组对比统计分析发现，农业机械使用在农药投入过程中扮演着重要角色，使用农业机械进行农药施用可以显著降低农药投入。

表6－2 农业机械使用者与未使用者之间农户家庭和生产层面特征均值差异比较

变量	使用	未使用	差异	t值
农药投入	19.788（21.077）	33.856（35.058）	－14.067***	－5.538
草药投入	12.121（11.438）	17.952（21.556）	－5.830***	－3.877
虫药投入	7.667（11.817）	15.904（23.588）	－8.237***	－5.083
年龄	46.246（9.929）	47.522（10.816）	－1.275	－1.356
性别	0.796（0.796）	0.890（0.890）	－0.094***	－2.805
受教育程度	6.673（2.541）	6.923（3.034）	－0.251	－0.997
非农就业	0.778（0.416）	0.622（0.486）	0.156***	3.832
务农年限	25.331（10.111）	25.584（11.123）	－0.253	－0.263
风险偏好	2.127（1.612）	3.211（2.003）	－1.084***	－6.650
农户规模	4.521（1.569）	4.593（1.264）	－0.072	－0.547
信贷获取	0.317（0.466）	0.579（0.495）	－0.262***	－6.009
交通状况	0.863（0.345）	0.603（0.490）	0.260***	6.905
耕地面积	4.116（3.441）	2.696（1.843）	1.421***	5.422
农业补贴	0.081（0.273）	0.411（0.493）	－0.330***	－9.487
农技服务	0.201（0.401）	0.206（0.405）	－0.005	－0.137
农技服务满意度	2.289（1.009）	3.196（1.139）	－0.907***	－9.380
环保项目	0.782（0.414）	0.842（0.366）	－0.060*	－1.682
甘肃	0.130（0.337）	0.593（0.492）	－0.463***	－12.386
河南	0.299（0.459）	0.407（0.492）	－0.107**	－2.490
山东	0.570（0.496）	0.000（0.000）	0.570***	16.625

注：①括号中的数字为标准误；②***、**和*分别表示在1%、5%和10%的水平下显著。

此外，相对于未使用者，农业机械使用者参与非农就业的概率更高。同时，他们拥有更大的耕地规模，说明经营规模增加可以促进农户使用农业机械。平均而言，农业机械使用者的风险偏好更低，其信贷获得概率也较低。相对于农业机械未使用者，使用者农户有更便捷的交通设施通往车站或火车站，但农业机械使用农户汇报收到农业补贴的概率和对当地政府提供的农业技术服务满意度更低。在平均水平上，农业机械使用者农户所在的村子发布实施相关环保项目的概率比未使用者所在村子更高。在地区水平上，河南和甘肃两个省份农业机械使用的概率要低于农业机械未使用的概率，而山东农业机械化程度较高，所有样本农户均使用了农业机械进行农药投入。其他农户家庭和农业生产层面特征例如户主年龄、受教育程度、农户规模、农技服务在农业机械使用与未使用两组人群中并没有表现出显著的均值差异。但是表 6 -2 的统计比较分析仅属于统计上均值比较分析，并未控制其他可观测与不可观测的混杂因素（Confounding Factors）影响，并不能用来推断农业机械使用与农药投入的因果关系。因此，采用更为严格的计量模型具有合理性。

6.4 实证估计结果、解释及讨论

本书采用全信息最大似然估计（Full Information Maximum Likelihood，FIML）方法联合估计选择方程和结果方程来获得参数估计量，估计结果呈列在表 6 -3 中。其中，选择方程的参数估计呈列在表格第 2 列。根据表 6 -3 中估计结果，控制内生性变量的两个残差系数在 5% 水平不显著，表明非农就业和耕地规模变量的内生性被合理控制住了（Wooldridge，2013）。接下来，分别介绍针对选择方程和结果方程的估计结果，最后估计针对处理组和控制组的平均处理效应。

表6-3　农业机械使用及农药投入的影响因素分析

变量	选择方程	农药投入	
		农机使用者	农机未使用者
年龄	-0.013（0.041）	-0.906（0.327）***	0.127（0.531）
性别	-0.826（0.287）***	-12.497（3.974）***	-0.911（7.812）
受教育程度	-0.047（0.044）	-0.320（0.588）	-1.034（0.815）
非农就业	0.270（0.179）	-1.431（3.902）	1.910（4.526）
务农年限	0.015（0.036）	0.860（0.317）***	0.431（0.469）
风险偏好	-0.142（0.053）***	-0.247（0.665）	-0.491（1.078）
农户规模	0.107（0.066）	-0.308（0.514）	0.956（1.958）
信贷获取	-0.265（0.193）	3.041（2.244）	2.779（6.353）
交通状况	0.645（0.191）***	9.377（2.485）***	12.974（4.873）***
耕地面积	0.046（0.044）	-0.343（0.292）	-3.315（1.083）***
农业补贴	-0.400（0.245）	10.476（6.915）	-4.745（7.064）
农技服务	0.556（0.251）**	-5.189（3.463）	-1.481（6.686）
农技服务满意度	-0.174（0.090）*	0.242（1.480）	-0.935（2.508）
环保项目	-0.891（0.282）***	-6.320（4.033）	-19.861（6.557）***
河南	-0.633（0.298）**	-11.444（4.752）**	-38.351（7.609）***
山东	6.628（0.582）***	-8.619（4.625）*	—
工具变量	2.347（0.693）***	—	—
残差（非农就业）	-0.967（0.828）	—	—
残差（耕地面积）	0.086（0.054）	—	—
常数项	1.180（0.898）	59.942（11.960）***	62.132（21.659）***
$\ln \sigma_{\mu U}$	—	2.871（0.128）***	—
$\rho_{\mu U}$	—	0.065（0.076）	—
$\ln \sigma_{\mu N}$	—	—	3.350（0.091）***
$\rho_{\mu N}$	—	—	0.372（0.0759）***
LR test of indep. eqns.	χ^2（2）=8.82**		
Log likelihood 值	-2360.180		
观测值	493		

注：①括号内为标准误；②***、**和*分别表示在1%、5%和10%的水平下显著；③地区变量的参照组为甘肃省；④由于样本中山东地区农户全部使用机械进行农药喷施，因此在ESR模型的第二阶段，针对未使用者组的估计中不包含山东地区变量。

6.4.1 农药投入环节农业机械使用的影响因素分析

表6－3中第2列的选择方程参数估计结果表明，农户家庭和生产层面特征对农药投入环节农业机械使用具有系统性影响。具体而言，农户户主性别具有显著且负向的系数，表明相对于男性户主，女性户主更愿意使用农业机械进行农药施用。风险偏好变量同样对农户农业机械使用具有显著的负向影响，其中一个可能的原因是使用农业机械进行喷施农药比手工喷施更有效率，且降低了农药暴露（Pesticides Exposure）风险，对于风险厌恶型农户而言农业机械化技术显然具有一定的吸引力。正向且统计上显著的交通条件变量系数表明更便利的交通条件可以提高农户在农药投入环节使用农业机械的概率。农机服务是当前农户使用机械的主要来源之一，便利的交通设施条件可以促进农业机械服务进入到农村促进农户使用农机生产（Ji 等，2012；Wang 等，2016）。农技服务变量系数同样是显著正向的，表明农户获得农技服务可以促进农户农业机械使用。这一发现与 Abdulai（2016）的研究发现一致，他发现农技服务是促进农业技术推广和进步的主要动力之一。而采用农户对当地政府提供的农技服务满意度变量对农业机械使用具有负向显著的影响。农户所在村落发布实施相关环保项目变量对农户使用农业机械喷施农药具有负向显著的效应。相对于甘肃农户而言，河南农户具有更高的农业机械使用概率，这一发现表明由于地理条件和经济发展水平不同，农户对在农药投入环节使用农业机械决策具有地区固定效应。

6.4.2 农药投入的影响因素分析

针对结果方程农药投入的影响因素参数估计结果同样呈列在表6－3中。具体而言，表6－3第3列和第4列分别呈列了针对农业机械使用者和农业机械未使用者的影响因素参数估计。本章采用似然比（Likelihood Ratio，LR）检验来考察选择方程和结果方程的联合独立性。根据表6－3中似然比检验结果，卡方统计量为8.82，并在5%统计水平显著，表明选择方程与结果方程并不独立，需要进行联立估计，也证明了ESR模型的适用性。两个结果方程随机误差项与选择方程随机误差项的相关系数变量（$\rho_{\mu U}$和$\rho_{\mu N}$）都是正向的，且在1%水平显著异于0，表明在农户进行农业机械使用决策时存在自选择效应，这种来自于可观测和不可观测因素带来的自选择偏误问题如果不加以控制，将会导致估计结果的偏误。同时，使用农业机械喷施农药对农药投入的影响对于未使用者的反事实即如果他们使用农业机械时的影响并不一致（Lokshin和Sajaia，2004）。此外，正向的$\rho_{\mu U}$系数表明存在一个负向的选择偏误，说明本身农药投入低于平均水平的农户使用农业机械的概率更高。而正向显著的$\rho_{\mu N}$表明，未使用农业机械的农户平均农药投入水平要高于随机抽取的农户平均农药投入水平。需要指出的是，这种正向的选择性偏误在现实中是合理的，因为农业机械可以提高农药喷施的概率进而降低农药投入。

对于农户农药投入的影响因素，无论是针对农业机械使用者还是未使用者，交通条件变量对农药投入都具有显著且正向的影响，这是由于便利的交通条件促进农户与农药等农资市场的连接进而促进农户农药投入。这一发现与Mottale等（2016）利用孟加拉国农户调研数据的分析结果一致。农户户主的年龄变量在农业机械使用者中对农药投入具有负向显著的效应，表明年纪更大的农户户主由于身体健康条件和相应生产技能约束会降低农药投入。而农业机械使用者农户男性户主相对女性户主，具有更高的农药施用效率，从而降低了农药投入水平。而反映农户务农经验的农户户主务农年限变量，在农业机械使用者农户中具有显著的正向影响，而对未使用农户的影响不显著。在保持其他条件不变的情况下，每增加一年务农年限，将会促进农业机械使用农户增加0.86元/亩的农药投入。这一结果与Denkyirah等（2016）一致，他们通过对加纳农户农药投入的研究发现，务农经验对农药投入频率具有显著的正向影响。风险偏好变量对农药投入的影响是负向的，尽管这一效应并不显著。这一结论与现有研究一致（Liu和Huang，2013；仇焕广等，2014；Gong等，

2016）。例如 Liu 和 Huang（2013）通过对中国 Bt 棉农的研究发现风险厌恶型对农药投入量更高。仇焕广等（2014）发现农户风险规避程度越高，越倾向于施用更多化学肥料来避免潜在的产量损失。

此外，表6－3中的结果表明，农业机械使用者农户的耕地规模变量对其农药投入水平具有显著的负向影响，每增加一亩耕地，将会促进农药投入降低3.32元/亩。这一结论与 Ma 等（2018）和 Wu 等（2018）一致。例如，Wu 等（2018）发现耕地规模扩大对每单位化肥和农药投入具有显著的负向影响。其中一个可能的原因是，大规模农户具有农药使用相关的更高的管理技能和相应的耕作知识。农户所在村落发布实施相关环保项目变量有利于激励农业机械使用农户减少农药投入。针对地区效应，结果发现河南和山东两省农户的农药投入水平相对于甘肃农户更低。地区虚拟变量的系数显著性表明农药投入由于各地区不同的地理环境和制度安排等因素具有地区固定效应。

6.4.3 农业机械使用对农药投入影响的平均处理效应估计

内生转换回归（ESR）模型不仅可以对于选择方程和结果方程进行参数估计，还可以进一步基于方程（6－8a）和方程（6－8b）估计针对处理组的平均处理效应 ATT 和针对控制住的平均处理效应 ATU（见表6－4）。需要指出的是，与表6－2中的均值差异分析不同，ESR 模型对 ATT 的估计可以同时控制由可观测因素和不可观测因素带来的选择性偏误影响，可以得到农业机械使用对农药投入影响的无偏估计结果。

表6－4 农业机械使用对农药投入的影响：基于 ESR 模型

变量	估计量	预测平均投入（元/亩）		处理效应	t 值	变动率（%）
		农机使用者	农机未使用者			
农药投入	ATT	19.788	47.839	－28.050***	－25.059	58.63
	ATU	22.521	33.825	－11.304***	－11.907	33.42

注：*** 表示在1%的水平下显著。

ATT估计结果表明，农业机械使用可以显著降低农药投入，平均而言，使用农业机械喷施农药可以降低58.63%的农药投入，约28.05元/亩。ATU估计结果同样支持了农业机械使用对农药投入的节约效应，针对未使用农业机械的农户而言，如果他们使用了农业机械，平均每亩可以减少33.42%的农药投入，约合11.30元/亩。这一发现印证了Li等（2017）的结论，为了减少农业污染和促进农业产出，政策制定者需要发展农业机械化特别是大型农药喷施机械。但本章的研究结果与Takeshima等（2013）针对加纳的研究结论相反，他们通过一个聚类分析发现农业机械使用与高密度化学投入相关，但是该研究并未控制由于不可观测因素造成的选择性偏误。

6.4.4　稳健性检验

为了进行稳健性检验，本节采用PSM方法再次估计农药投入环节农药机械使用对农药投入的影响。具体而言，本章采用文献中常用的两种匹配手段即最近邻匹配（Nearest Neighbor Matching，NNM）和核匹配（Kernel - Based Matching，KBM）来分别估计ATT和ATU，结果如表6-5所示。针对控制组的ATU估计结果表明，农业机械使用对农药投入具有显著的负向影响，NNM和KBM匹配方式下的ATU估计结果分别为17.4元/亩和10.9元/亩。针对处理组的ATT估计结果表明，无论是NNM还是KBM匹配模式，农业机械使用对农药投入均存在负向却不显著的影响。PSM方法并不能控制由于不可观测因素例如农户天生具有的管理能力和农业机械化动机等造成的选择性偏误，其效应结果可能存在估计偏误。例如，无论是NNM还是KBM匹配下的农药机械使用的ATT估计结果相对于ESR模型估计结果都不显著而且下偏。

表6-5　农业机械使用对农药投入的影响：基于PSM模型

变量	估计量	NNM匹配	KBM匹配
农药投入	ATT	-8.003（5.762）	-3.914（4.478）
	ATU	-17.411（7.895）**	-10.860（6.497）*

注：①括号内为标准误；②**和*分别表示在5%和10%的水平下显著。

6.5 农业机械使用对农药投入影响的分解效应

草药和虫药投入占据农药总投入的主要份额，例如在本章样本农户农药投入中，大约68%的农药投入是花费在草药上，31%的农药投入花费在虫药上，其他调节剂和杀菌剂等农药支出仅占1%的农药支出份额。因此，本节将农药投入细分为草药投入和虫药投入，进一步考察农业机械对农药投入的分解效应，相应的估计结果如表6－6和表6－7所示。结果发现，草药和虫药两种农药投入的估计结果与表6－3中总农药投入的估计结果大部分结果保持一致，农户对不同类型的农药投入决策具有一致性。

表6－6　农业机械使用和草药投入的影响因素分析

变量	选择方程	草药投入	
		农机使用者	农机未使用者
年龄	－0.014（0.041）	－0.294（0.199）	0.370（0.341）
性别	－0.831（0.291）***	－6.834（2.137）***	0.984（4.444）
受教育程度	－0.049（0.044）	－0.327（0.332）	－0.477（0.662）
非农就业	0.271（0.179）	－0.679（2.057）	1.454（3.110）
务农年限	0.014（0.036）	0.332（0.191）*	0.073（0.312）
风险偏好	－0.141（0.053）***	－0.179（0.361）	0.603（0.673）
农户规模	0.109（0.067）	－0.319（0.318）	1.725（1.560）
信贷获取	－0.228（0.195）	1.298（1.286）	－0.867（5.418）
交通状况	0.623（0.193）***	5.410（1.496）***	7.779（3.394）**
耕地面积	0.042（0.042）	－0.013（0.184）	－2.624（0.773）***
农业补贴	－0.394（0.250）	3.642（3.375）	4.716（5.041）
农技服务	0.537（0.250）**	－2.438（1.857）	1.868（3.932）
农技服务满意度	－0.160（0.090）*	－0.653（0.807）	－0.905（1.478）

续表

变量	选择方程	草药投入	
		农机使用者	农机未使用者
环保项目	-0.879 (0.283)***	-3.511 (2.155)	-13.687 (4.821)***
河南	-0.613 (0.302)**	-6.654 (2.459)***	-10.412 (4.563)**
山东	5.610 (0.634)***	-7.739 (2.439)***	—
工具变量	2.380 (0.753)***	—	—
残差 1（非农就业）	-0.937 (0.840)	—	—
残差 2（耕地面积）	0.092 (0.053)*	—	—
常数项	1.179 (0.894)	33.052 (5.702)***	11.345 (12.106)
$\ln \sigma_{\mu U}$	—	2.278 (0.108)***	—
$\rho_{\mu U}$	—	0.009 (0.063)	—
$\ln \sigma_{\mu N}$	—	—	2.961 (0.165)***
$\sigma_{\mu N}$	—	—	0.250 (0.100)**
LR test of indep. eqns.	χ^2 (2) =6.21**		
Log likelihood 值	-2114.182		
观测值	493		

注：①括号内为标准误；②***、**和*分别表示在1%、5%和10%的水平下显著；③地区变量的参照组为甘肃省；④由于样本中山东地区农户全部使用机械进行农药喷施，因此在ESR模型的第二阶段，针对未使用者组的估计中不包含山东地区变量。

表 6-7　农业机械使用和虫药投入的影响因素分析

变量	选择方程	虫药投入	
		农机使用者	农机未使用者
年龄	-0.012 (0.041)	-0.613 (0.182)***	-0.240 (0.396)
性别	-0.814 (0.290)***	-5.679 (2.307)**	-1.559 (6.037)
受教育程度	-0.049 (0.045)	0.007 (0.335)	-0.554 (0.481)
非农就业	0.293 (0.181)	-0.734 (2.172)	0.258 (3.112)
务农年限	0.016 (0.037)	0.529 (0.175)***	0.355 (0.354)
风险偏好	-0.142 (0.053)***	-0.072 (0.427)	-1.081 (0.724)
农户规模	0.100 (0.067)	0.009 (0.303)	-0.812 (1.414)
信贷获取	-0.240 (0.191)	1.745 (1.278)	3.518 (4.255)

续表

变量	选择方程	虫药投入	
		农机使用者	农机未使用者
交通状况	0.659（0.197）***	4.008（1.549）***	4.985（3.300）
耕地面积	0.053（0.046）	-0.325（0.151）**	-0.755（0.681）
农业补贴	-0.370（0.246）	6.791（4.124）*	-9.464（4.839）*
农技服务	0.564（0.254）**	-2.715（1.959）	-3.536（4.119）
农技服务满意度	-0.177（0.089）**	0.884（0.837）	0.056（1.911）
环保项目	-0.909（0.283）***	-2.855（2.476）	-5.809（4.150）
河南	-0.597（0.298）**	-4.822（3.469）	-28.197（5.190）***
山东	5.610（0.578）***	-0.808（3.363）	—
工具变量	2.153（0.666）***	—	—
残差1（非农就业）	-0.997（0.842）	—	—
残差2（耕地面积）	0.082（0.056）	—	—
常数项	1.155（0.916）	26.861（8.204）***	50.203（15.985）***
$\ln\sigma_{\mu U}$	—	2.321（0.107）***	—
$\sigma_{\mu U}$	—	0.116（0.103）	—
$\ln\sigma_{\mu N}$	—	—	2.979（0.097）***
$\sigma_{\mu N}$	—	—	0.241（0.135）*
LR test of indep. eqns.	χ^2（2）=3.37**		
Log likelihood 值	-21129.971		
观测值	493		

注：①括号内为标准误；②***、**和*分别表示在1%、5%和10%的水平下显著；③地区变量的参照组为甘肃省；④由于样本中山东地区农户全部使用机械进行农药喷施，因此在ESR模型的第二阶段，针对未使用者组的估计中不包含山东地区变量。

为了获得农业机械使用对草药和虫药的平均处理效应，本节同时核算了农业机械使用对草药和虫药投入影响的ATT和ATU估计，相应的结果呈列在表6-8中。基于ATT估计结果，农业机械使用可以降低草药投入39.63%（约7.96元/亩），降低虫药投入71.39%（约19.14元/亩）。但是，根据ATU估计结果，即对未使用农业机械的农户如果他们使用农业机械，他们的农药投入减少量低于使用组农户。具体而言，农业机械使用对未使用农业机械喷施农药

的农户，可以节约草药投入22.15%（约3.98元/亩），降低虫药投入47.36%（约7.53元/亩）。以上这些结论还表明，相对于草药投入，农业机械使用对于虫药投入的节约效应更为显著。

表6-8 农业机械使用对草药和虫药投入的影响：基于ESR模型

变量	估计量	预测平均投入（元/亩）		处理效应	t值	变动率（%）
		农机使用者	农机未使用者			
草药投入	ATT	12.121	20.077	-7.956***	-12.210	39.63
	ATU	13.970	17.945	-3.975***	-7.923	22.15
虫药投入	ATT	7.667	26.802	-19.135***	-28.029	71.39
	ATU	8.370	15.901	-7.531***	-11.517	47.36

注：***表示在1%水平下显著。

6.6 本章小结

当前有大量文献针对农业机械使用对农业产出、农业生产率及持续性农业发展的影响研究，但是文献较少关注农业机械使用对农药投入的影响。基于2017年甘肃、河南和山东三个省493个农户样本，本章实证考察农药投入环节中农业机械使用的影响因素、农药投入的影响因素以及农业机械使用对农药投入的影响。均值差异统计结果发现农业机械使用组与未使用组农药投入存在显著的差异，但这一结果受到多种混杂因素影响，并不能用来推断农业机械使用与农药投入的因果关系。因此，本章通过内生转换回归（ESR）模型来同时控制由于可观测和不可观测因素造成的选择性偏误，进一步估计农业机械使用对农药投入的影响。

实证结果表明，农业机械使用与农药投入存在显著的负相关关系。具体而言，针对使用农业机械的农户，使用农业机械喷施农药可以降低58.63%的农药投入；针对未使用农业机械的农户，使用农业机械喷施农药可以降低33.42%的农药投入。将农药投入细分为草药和虫药，这一结果仍然是稳健的。此外，相对于草药投入，农业机械使用对于虫药投入的节约效应更为显著。本章的结果支持农业机械技术是一种能够节约农药投入的环境友好型技术，有利于促进农业可持续发展。对于农业机械使用的影响因素，本章结果发现交通条件和农技服务对农业机械使用具有显著的正向影响。

综上所述，本章的结论对于发展农业机械化和促进农业可持续发展具有重要的政策含义。具体地，农业机械使用的农药节约效应说明当前政策仍需要大力促进农业机械化发展。政策上可以通过促进交通便利性和农民外出务工、增加农技服务等方式来促进农业机械等新技术使用。

第7章　农户农业机械使用对粮食产出影响的异质性分析

传统观点认为，农业机械一般仅具有针对劳动力等要素的替代效应，而对产出的影响不明显。但在现实中，农民通过使用深耕深松机和农业植保机械提高土地质量，使用耕种和收获机械提高抢种抢收过程的效率，有力促进了粮食产出的增长（Ellis，1993；FAO，2013）。本章基于一个无条件分位数回归（Unconditional Quantile Regression，UQR）模型框架，利用2017年甘肃、河南和山东三个省份玉米生产户的微观调研数据分析了农户农业机械使用对玉米产出的潜在异质性效应。由于农业机械使用的自选择效应，本章还利用两阶段控制方程法来控制农业机械使用变量的内生性问题。

7.1　研究问题

发展中国家和新兴市场国家的农业可持续增长和粮食安全愈加依赖于农业机械化的发展（Barrett等，2010）。现有文献考察了农业机械使用对作物产量的影响（伍骏骞等，2017；黄玛兰等，2018；Ji等，2012；Yang等，2013；

Wang 等，2016；Ma 等，2018）。这些学者假定低产农户和高产农户可以从农业机械使用中获取同样的报酬，即农业机械使用对不同农户的生产效应是一致的，因此采用了诸如最小二乘法（Ordinary Least Square，OLS）等均值回归作为基础的回归模型进行实证分析。例如，Benin（2015）发现农业机械使用可以显著提高农业作物产出。在以中国为案例的分析中，Ma 等（2018）同样发现了一个农业机械使用和玉米产量之间的正相关关系。但是，农业机械使用可能对不同类型的农户产生不同的影响，即农业机械使用的效应存在异质性。Foster 和 Rosenzweig（2011）针对印度、Wang 等（2016）针对中国的研究一致表明，大规模农户将会提高机械化生产的应用，因此大规模生产的农户将从机械使用中获取相对小规模农户更多的回报。此外，由于农户家庭和生产层面的特征差异，农业机械使用对低产农户和高产农户的作物产量影响将存在潜在差异。

理解农业机械使用对作物产量和土地生产率影响的异质性效应具有重要的政策含义。例如，如果农业机械使用可以显著增加高产农户的作物产量，而对低产农户（大多是典型的贫困户）存在不显著或负向的影响，那么促进农业机械化的政策将会加剧不同类型农户之间的产量差距，而不利于农业可持续发展和农户福利提升。Pingali（2007）指出不恰当的农业机械化政策将会导致严重的不平等问题。尽管如此，当前文献关于农业机械化对作物产量的影响是否存在异质性以及效应大小的研究仍不够充分，特别是在农户自选择是否使用农业机械生产的情况下。因此，本章的研究问题是农业机械化对粮食产出的影响是否存在异质性？农业机械化对粮食产出的波动性和不平衡性有何影响？

本章基于 2017 年中国农村玉米生产调研数据，旨在探究农业机械使用对作物产量的异质性影响。本章对现有文献的可能贡献如下：第一，本章采用了一个较为新颖的异质性分析框架，即无条件分位数回归模型来考察农业机械使用的异质性影响；第二，本章考虑农户农业机械使用的自选择效应，采用两阶段控制方程法（Two – Stage Control Function）来控制内生性问题。农户根据自

身和生产条件自己决定是否使用农业机械进行生产，将会导致样本自选择偏误，如果不对其进行控制，将会导致估计结果有偏；第三，本章进一步采用了Gini系数法和分布方差法来分析农业机械使用对玉米产量造成的波动性和不平等效应。到目前为止，尚未发现有文献考察农业技术采纳与作物产量不平等和波动性之间的关系。

7.2　两阶段控制方程

7.2.1　农户农业机械使用的选择性偏误

为了检验农业机械使用与玉米产量之间的关系，实证模型可以设定为一个一般的玉米生产函数：

$$\ln Y_i = \alpha_0 + \alpha_m M_i + \sum_{j=1}^{4} \alpha_j \ln X_{ij} + \sum_{n=1}^{10} \alpha_a A_{in} + \varepsilon_i \quad (7-1)$$

其中，ln表示自然对数转换；Y_i表示农户i的玉米产量，具体为单位面积土地上的玉米产量；M_i表示农业机械使用变量；X_{ij}表示农户i的第j（j=1，2，3，4）种生产投入，具体包括土地面积、农药投入、化肥投入、种子投入；A_{in}表示第n（n=1，2，…，10）个控制变量，分别反映农户和生产层面特征，具体包括年龄、性别、受教育程度、非农就业、农户规模、农技服务、土壤质量等；α_0是一个截距项；α_m、α_j和α_a为附属待估计参数；ε_i是经典随机误差项。特别地，α_m用来反映农业机械使用对玉米产量的影响。如果$\alpha_m>0$且在相应统计水平显著，则说明农业机械使用可以促进玉米产出增长，反之亦然。

在方程（7-1）中，如果农业机械使用变量M_i是严格外生的，那么采用简单OLS回归即可捕捉农业机械使用对农业玉米产量的一致影响。但是，正如前文所言，农业机械使用行为是一个农户自愿选择行为，同时受到可观测因素（例如户主年龄、性别和教育等）以及不可观测因素（例如农户的初始能力、管理技能和动机等）的共同影响。例如，拥有更好农田管理技能的农户更愿意采用新技术例如农业机械来进行玉米生产。虽然农户的农田管理能力并不能被直接观测，但其对农业机械使用决策具有潜在影响。

以上事实说明，方程（7－1）中农业机械使用存在可能自选择偏误。如果不对选择性偏误进行控制，将会导致对方程（7－1）的有偏不一致估计。为了控制农户农业机械使用的自选择效应，参考已有文献（Chang 和 Mishra，2008），本章采用两阶段控制方程（Two－stage Control Function）模型将农业机械使用方程与玉米生产方程结合进行联合估计。

7.2.2 农户农业机械使用的 Logit 模型

在两阶段控制方程模型中，第一阶段首先对农业机械使用方程进行估计，并通过第一阶段估计结果计算逆米尔斯比率（Inverse Mills Ratio，IMR）；第二阶段对玉米生产方程进行估计，将第一阶段计算的逆米尔斯比率选择性偏误纠偏项（Selectivity－Correction Term）作为额外变量纳入方程来控制农业机械使用变量的自选择偏误问题。

参考 Chang（2012）的做法，设定 M_i^* 和 M_i 分别为农户 i 的农业机械使用不可观测的潜变量和现实观测值变量。Z_i 为一个影响农业机械使用的外生变量向量，β_z 为其附属待估计参数向量；S_i 为农业机械使用变量的工具变量，β_s 是其附属参数；μ_i 为经典随机误差项。农业机械使用的二元选择模型则可以表示为：

$$M_i^* = \beta_z Z_i + \beta_s S_i + \mu_i;\qquad M_i = 1(M_i^* \geqslant 0) \tag{7-2}$$

基于方程（7－2），农业机械使用的概率可以被表示为：

$$\Pr(M_i = 1) = \Pr(\beta_z Z_i + \beta_s S_i + \mu_i > 0) = 1 - F(-\beta_z Z_i - \beta_s S_i) \tag{7-3}$$

其中，F（·）为依赖于误差项 μ_i 的累积分布函数；参数 β_z 和 β_s 可以利用二分叉模型（例如本书采用的 Probit 模型）通过最大化以下对数似然函数

(Maximum Likelihood) 来获得 (Greene, 2018):

$$\ln L = \sum_{i=1}^{n} M_i \times \Phi(\beta_z Z_i + \beta_s S_i) + \{1 - M_i[1 - \Phi(\beta_z Z_i + \beta_s S_i)]\} \tag{7-4}$$

其中, Φ(·) 表示累积密度函数。

方程 (7-2)、方程 (7-3) 和方程 (7-4) 中工具变量具体采用智能手机使用状态变量来表示。采用工具变量主要是为了控制不可观测因素冲击两阶段控制方程模型第二阶段对农业机械使用的玉米产量效应估计 (Wooldridge, 2015)。本章采用农户户主智能手机使用状态变量具有一定的现实合理性。由于农户可以通过智能手机获取更多、更广和更及时的农业市场信息, 在赶农时 (例如抢种或抢收) 尤为重要, 可以促使农户获取农业机械服务 (Aker 和 Ksoll, 2016; Ma 等, 2018)。但智能手机使用并不会直接影响玉米产出水平。通过皮尔逊相关系数 (Person Correlation Analysis) 检验, 智能手机使用变量与农业机械使用变量在1%水平显著相关 (相关系数 =0.187), 而与玉米产量变量在10%水平不显著 (相关系数 =0.048), 进一步确认了工具变量选取的合理性。

7.2.3 农业机械使用对玉米产量影响的无条件分位数模型

在控制方程模型第二阶段估计中, 本书重点关注农业机械使用对玉米产量的影响。根据两阶段控制方程设定, 在第一阶段估计后, 可以计算出农户农业机械使用的逆米尔斯比率 (IMR), 并将其作为附加变量纳入在第二阶段对玉米生产方程的估计模型中。因此, 玉米生产方程可以被重新表述为:

$$\ln Y_i = \gamma_0 + \gamma_m M_i + \sum_{i=1}^{4} \gamma_x \ln X_i + \sum_{n=1}^{10} \gamma_a A_n + \gamma_{imr} IMR + \nu_i \tag{7-5}$$

其中, M_i、X_i和 A_n的定义如上, γ_m、γ_x和γ_a分别表示其附属待估计参数; γ_{imr}表示 IMR 变量附属的待估计参数; ν_i表示随机误差项。

如前所述, 本章的主要目标是估计农业机械使用对农户水平玉米产量影响的异质性效应，为此，传统的条件分位数回归（Conditional Quantile Regression，CQR）模型和新近发展的无条件分位数回归（Unconditional Quantile Regression，UQR）模型都可以被用来估计方程（7－5），并获取农业机械使用的异质性产量效应。相对于UQR模型，由于玉米产量分布依赖于控制变量的选择，传统CQR模型仅能有条件地评估农业机械使用对玉米产量的影响，其效应结果受到模型中其他控制变量的影响，因此其解释力度有限（Mishra等，2015）。从政策制定角度出发，政策制定者更加关注一项政策或项目（例如农业机械化发展政策）对结果变量的一致影响。而UQR模型可以克服传统CQR模型的缺陷，能够提供不依赖于控制变量的无条件一致估计量（Firpo等，2009）。UQR模型在提出之后得到了迅速推广和应用（Bonanno等，2018；Ferraro等，2018；Fernandez和Bucaram，2019）。例如Ferraro等（2018）采用UQR模型分析了最低工资标准对爱沙尼亚工资分布的影响，他们发现最低工资制度有利于缓解工资不平等状况。Fernandez和Bucaram（2019）利用UQR模型检验了环境设施对新西兰房产价格的异质性影响。

UQR模型基于再中心化影响方程（Re－centered Influence Function，RIF）的估计。RIF可以被用来估计个体观察对分布统计量例如中值、分位数、方差、Gini系数等的影响。通过计算平均RIF回归可以得到针对特定分布统计量的边际效应。参考Firpo等（2009），农户玉米产量期望的线性RIF回归方程表述如下：

$$E[RIF(\ln Y_i;q_\tau) \mid M_i,\ln X_i,A_n,IMR] = \lambda_o + \lambda_m M_i + \sum_{j=1}^{4} \lambda_x \ln X_i + \sum_{n=10}^{10} \lambda_a A_n + \lambda_{imr} IMR + \omega_i \tag{7-6}$$

其中，λ_m表示农业机械使用对玉米产量q_τ分位点的边际效应估计参数；λ_o是一个常数；λ_x和λ_a表示其他变量附属待估计参数；ω_i表示随机误差项。

这里需要指出的是，由于一些农户并未使用某种投入或某种要素投入量为0，采用对数转换将会产生缺失值问题。参考Bellemare等（2013），本书采用一个似对数转换法即反双曲正弦变换法（Inverse Hyperbolic Sine Transformation，IHS）来解决农药投入变量的0值问题，这种方法不仅可以处理零值数据还可以处理极端值例如负值数据情况，并且对正值集中的数据变量进行反双曲变换后仍具有类似对数转换的良好特征①。

7.3　实证数据与描述性统计

7.3.1　数据说明

本章实证所采用的数据与第6章实证分析所采用的数据一致，都是来自于2017年针对中国玉米生产农户的随机抽样调查，所涉及变量信息来自2016生产年份，相关数据介绍在此不再赘述。

本章中使用的因变量为农户单位面积玉米产量，具体采用每亩土地面积玉米产量衡量（单位为千克/亩）。

农业机械使用作为本章的核心解释变量，具体采用一个二元虚拟变量来反映农户是否在耕整地环节使用农业机械。本章选择耕整地环节农业机械使用，主要有以下原因：第一，耕整地是玉米生产的前期重要准备环节，直接关系到玉米播种、生长情况、其他投入等，最终影响玉米产出水平。第二，耕整地是所有环节中动力最密集的生产环节之一，需要大量的动力投入。特别是在劳动力不断转移的背景下，农业生产对农业机械的需求日益增加（Bigot和Binswanger，1987；Zhou等，2018）。第三，由于其他环节例如收获环节是在玉米成熟后，产量基本确定的情况下进行，其对最终玉米产出的影响仅限于收割过程的损耗大小，对最终产出的影响有限。此外，其他影响农业机械使用和玉

① HIS转换可以被表示为IHS（x）$=\ln(x+\sqrt{x^2+1})$，其中x表示待转换变量，详细推导过程见Bellemare等（2013）。

米产量的控制变量参照已有文献进行选择（例如，Larsén，2010；Ji 等，2012；Mottaleb 等，2016；Takeshima，2018）。

7.3.2 变量的描述性统计

实证分析所涉及变量的定义和描述性统计如表 7－1 所示。

表 7－1 变量定义及其描述性统计

变量	变量定义	均值	标准差
玉米产量	单位面积玉米产量（千克/亩）	483.211	129.815
农业机械使用	1＝农户在耕整地环节使用农业机械；0＝其他	0.856	0.351
年龄	户主年龄（岁）	46.787	10.323
性别	1＝男性；0＝其他	0.836	0.371
受教育程度	户主受教育年限（年）	6.779	2.760
非农就业	1＝户主参与非农就业；0＝其他	0.712	0.453
农户规模	农户家庭人口数量（人）	4.552	1.447
农技服务	1＝农户获得农技服务支持；0＝其他	0.203	0.403
交通状况	1＝从农户到附近车站或火车站交通便利；0＝其他	0.753	0.432
土壤质量	1＝土壤肥沃；0＝其他	0.280	0.449
耕地面积	农户经营耕地总面积（亩）	3.514	2.956
农药投入	亩均农药投入支出（元/亩）	25.752	28.698
化肥投入	亩均化肥投入支出（元/亩）	151.887	66.611
种子投入	亩均化肥投入支出（元/亩）	70.189	57.131
智能手机使用	1＝农户户主使用智能手机；0＝其他	0.645	0.479
甘肃	1＝甘肃农户；0＝其他	0.327	0.469
河南	1＝河南农户；0＝其他	0.345	0.476
山东	1＝山东农户；0＝其他	0.329	0.470

根据表 7－1 的统计结果，样本中农户的玉米平均产量为 483.211 千克/亩，但相对于发达国家仍处于较低水平。中国是世界第二大玉米生产地，其总产量水平仅次于美国（FAO STAT）。在过去 30 多年间，中国玉米产量从 1980

年的62.6百万吨增长到了2017年的259.1百万吨。尽管玉米产量在不断增长，但由于国内对玉米产品的旺盛需求，中国玉米市场仍然从供给剩余转向了供给不足。例如，中国进口玉米数量持续增长，在2014年达到了4.73百万吨。中国玉米供给不足的一大原因就在于玉米生产较低的生产率。实际上，中国玉米生产率或平均单位产出水平显著并持续地落后于其他诸如美国、加拿大等玉米主产国（见图7－1）。例如，在2017年，美国和加拿大的玉米生产率分别为11084千克/公顷和10524千克/公顷，而中国的玉米生产率仅为6110千克/公顷。从玉米产业的可持续发展来看，中国亟须提高玉米生产率水平。

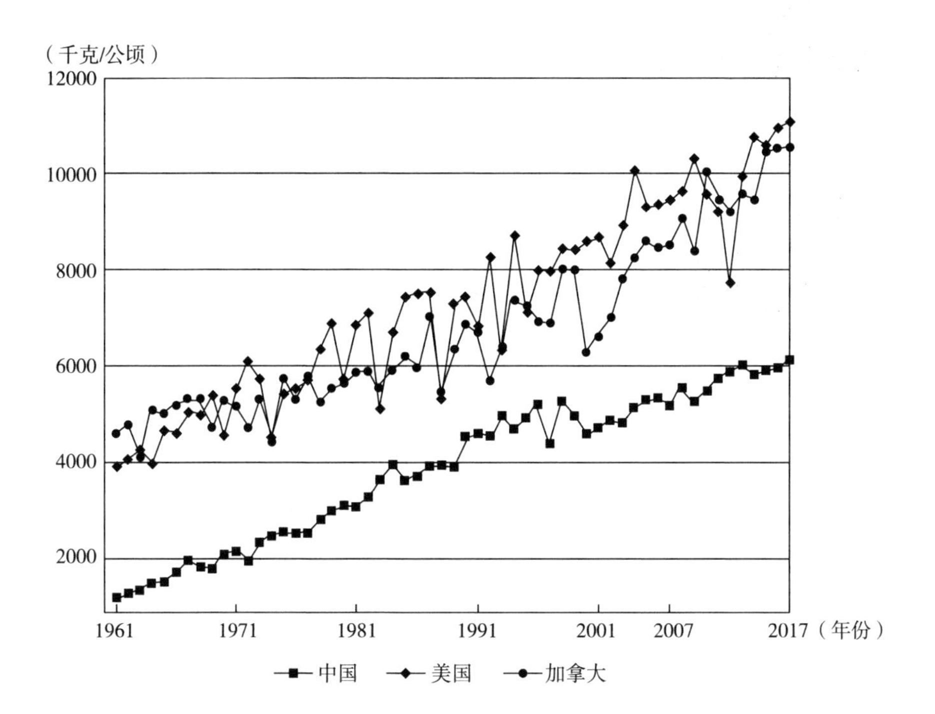

图7－1　1961～2017年中国、美国、加拿大玉米单位产出变动趋势

资料来源：FAO STAT。

根据表7-1可知，样本中平均有85.6%的农户使用农业机械进行耕整地[①]。农业机械使用者与未使用者之间农户家庭层面和生产层面特征的均值差异如表7-2所示。在表7-2的最后两列报告了两组之间的均值差异和t检验所得的t统计量。均值差异检验的结果表明，在农业机械使用者中的户主相对受教育年限和农户家庭规模均低于未使用农业机械农户的户主。农业机械使用者平均而言更容易接近或联系农业技术推广机构。针对农户的耕地经营规模，农业机械使用者经营土地面积显著高于未使用农业机械农户，平均高出1.6亩。两组之间的玉米生产投入也有明显的差异，相对于未使用农机农户，使用者投入更多的化肥，更少的农药和种子。此外，农业机械使用农户平均玉米产量高出未使用农机农户34千克/亩。表7-2的分组统计和均值差异检验结果表明农业机械使用可以提高农户玉米产量水平，但是由于均值差异检验并未控制其他可观测及不可观测因素的影响，其结果仅能反映两个变量的相关关系，并不能反映农业机械使用对玉米产量的真实影响。因此，本章采用更严格的计量经济学方法——两阶段控制方程模型控制农业机械使用的自选择效应，考察农业机械使用对玉米产量的无偏影响。

表7-2 农户家庭及生产特征的均值差异检验

变量	农机使用者（N=422）	农机未使用者（N=71）	均值差异	t值
玉米产量	488.132（125.100）	453.96（152.668）	34.172**	2.059
年龄	46.775（10.250）	46.859（10.82）	-0.084	-0.064
性别	0.829（0.377）	0.873（0.335）	-0.044	-0.922
受教育程度	6.68（2.632）	7.366（3.39）	-0.686*	-1.943
非农就业	0.699（0.459）	0.789（0.411）	-0.090	-1.544
农户规模	4.486（1.439）	4.944（1.443）	-0.458**	-2.480
农技服务	0.227（0.420）	0.056（0.232）	0.171***	3.349
交通状况	0.801（0.400）	0.465（0.502）	0.336***	6.301

① 其他变量的描述性统计在第6章已作分析，在此不再赘述。

续表

变量	农机使用者（N=422）	农机未使用者（N=71）	均值差异	t值
土壤质量	0.268（0.443）	0.352（0.481）	-0.084	-1.465
耕地面积	3.744（3.091）	2.145（1.317）	1.599***	4.291
农药投入	24.164（27.662）	35.192（32.875）	-11.028***	-3.020
化肥投入	156.902（66.834）	122.077（57.168）	34.825***	4.142
种子投入	66.222（58.953）	93.768（37.147）	-27.546***	-3.810
智能手机使用	0.68（0.467）	0.437（0.499）	0.243***	4.023
甘肃	0.251（0.434）	0.775（0.421）	-0.523***	-9.439
河南	0.365（0.482）	0.225（0.421）	0.140**	2.297
山东	0.384（0.487）	0.000（0.000）	0.384***	6.638

注：①括号内为标准误；②***、**和*分别表示在1%、5%和10%的水平下显著。

为了考察玉米产量分布的异质性，本书利用卡方检验，分析玉米产量不同分位点上农户家庭层面与生产层面特征的均值差异。表7-3呈列了在第20分位点、第50分位点和第80分位点农户家庭层面与生产层面特征的统计特征，最后一列展示了不同分位点均值差异的卡方统计量。表7-3的结果表明，样本中在不同玉米产量水平上，农户户主和家庭特征以及农业生产特征在均值水平存在显著的差异。此外，农业机械使用状况、农户户主受教育年限、交通状况、土壤质量、土地面积、农药投入、化肥投入以及地区特征在不同的玉米产出水平上其均值也存在显著差异。这进一步说明，玉米产量分布受到多种因素影响，且不同产出水平的农户存在显著的异质性，农业机械使用对农户玉米产量分布具有潜在的异质性影响。

表7-3　不同玉米产量分位点的变量均值的差异

变量	20^{th}分位点	50^{th}分位点	80^{th}分位点	卡方值
农业机械使用	0.73（0.45）	0.86（0.34）	0.94（0.24）	19.31***
年龄	46.74（9.37）	46.97（10.77）	46.72（10.12）	0.05

续表

变量	20th分位点	50th分位点	80th分位点	卡方值
性别	0.788（0.41）	0.84（0.37）	0.85（0.36）	1.70
受教育程度	7.071（2.71）	6.83（2.75）	6.52（2.63）	2.63
非农就业	0.64（0.48）	0.71（0.45）	0.78（0.42）	5.68**
农户规模	4.39（1.33）	4.58（1.60）	4.55（1.41）	1.17
农技服务	0.25（0.44）	0.25（0.43）	0.20（0.40）	1.12
交通状况	0.64（0.48）	0.65（0.48）	0.85（0.36）	23.69***
土壤质量	0.22（0.43）	0.16（0.37）	0.32（0.47）	9.93***
耕地面积	2.77（2.28）	3.79（2.56）	4.19（3.99）	16.06***
农药投入	22.19（28.04）	17.96（19.44）	26.53（32.33）	7.95**
化肥投入	138.54（53.87）	133.53（41.06）	160.84（61.47）	19.79**
种子投入	60.02（30.21）	67.23（87.50）	63.61（34.47）	1.25
智能手机使用	0.66（0.48）	0.56（0.50）	0.68（0.47）	5.23*
甘肃	0.26（0.44）	0.24（0.43）	0.24（0.43）	0.25
河南	0.68（0.47）	0.42（0.50）	0.24（0.43）	48.53***
山东	0.06（0.24）	0.34（0.48）	0.52（0.50）	91.19***
观测值	99	147	148	—

注：①括号内为标准误；②***、**和*分别表示在1%、5%和10%的水平下显著；③卡方检验的原假设是不同组的变量均值差异为0。

农业机械使用与玉米产量的异质性关系，可以通过图7－2更加直观地展示出来。具体而言，农业机械使用者与未使用者之间玉米产量分布都存在一定程度的不平等，但在未使用农业机械的农户中，玉米产量不平等相对更为严重。此外，从农户间产量波动性角度出发，本书发现使用农业机械的农户间玉米产量波动性小于未使用农户。以上结果分析表明，农业机械化有利于促进农户间玉米产量分布更加公平，并降低产量波动性。

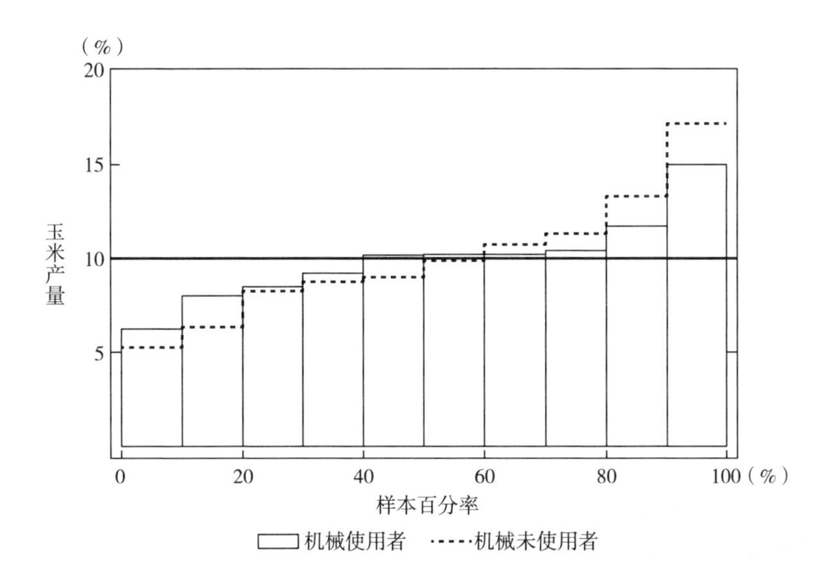

图7-2　农业机械使用农户和未使用农户的玉米产量分布

注：加黑直线表示绝对平等线，即每10%的农户均匀占有10%的玉米产出。

7.4　实证估计结果、解释及讨论

7.4.1　耕地环节农业机械使用的影响因素分析

采用Probit模型通过估计方程（7-4）可以得到农业机械使用影响因素的系数（见表7-4）。为了便于解释，本书进一步估计了自变量的边际效应（见表7-4第4列）。边际效应通过将系数估计量β乘以在均值处的 X_i 累积分布 $\Phi(\hat{\beta}X_i)$ 得到。表7-4底部的卡方统计量在1%统计水平显著，表明模型估计的有效性。作为表征模型拟合优度的McFadden R^2 值为0.441，确认了本书所采用模型良好的估计效力（Maddala，1986）。

表7-4　农业机械使用的Probit模型估计结果

变量	系数	t值	边际效应	t值
年龄	-0.009 (0.010)	-0.895	-0.001 (0.001)	-0.897
性别	-0.107 (0.272)	-0.395	-0.014 (0.035)	-0.394
受教育程度	-0.079 (0.034)**	-2.347	-0.010 (0.004)**	-2.399
非农就业	-0.207 (0.218)	-0.948	-0.027 (0.028)	-0.952
农户规模	-0.166 (0.083)**	-2.003	-0.021 (0.010)**	-2.062
农技服务	0.938 (0.299)***	3.135	0.121 (0.037)***	3.268
交通状况	0.698 (0.216)***	3.232	0.090 (0.026)***	3.500
土壤质量	-0.018 (0.226)	-0.079	-0.002 (0.029)	-0.079
耕地规模(ln)	0.898 (0.219)***	4.101	0.116 (0.027)***	4.232
农药投入(ln)	0.206 (0.084)**	2.443	0.027 (0.011)**	2.489
化肥投入(ln)	0.838 (0.241)***	3.477	0.108 (0.028)***	3.823
种子投入(ln)	1.046 (0.299)***	3.501	0.135 (0.038)***	3.571
甘肃	-6.460 (0.626)***	-10.327	-0.835 (0.096)***	-8.691
河南	-4.683 (0.492)***	-9.520	-0.606 (0.080)***	-7.530
智能手机使用	0.718 (0.221)***	3.244	0.093 (0.028)***	3.304
常数项	-4.429 (2.253)**	-1.966	—	—
Chi2	867.835			
Pob > Chi2	0.000			
McFadden R^2	0.441			
观测值	493			

注：①括号内为标准误；②***、**和*分别表示在1%、5%和10%的水平下显著；③地区虚拟变量以山东为参照组。

表7-4中的估计结果表明，教育年限变量的边际效应为负，且在5%统计水平显著，表明随着户主受教育年限增加，农户在耕地环节使用农业机械的概率将会减少。这与李志俊（2014）的分析结果不一致，其在针对农业要素替代弹性分析中引入人力资本后，我国农业机械与劳动的替代弹性明显提高，暗示着人力资本对农业机械化的促进作用。但由于其分析对象为宏观的加总层面，具体到微观农户个体，并不一定符合农业现实。例如，Takeshima（2018）通过对尼泊尔农户微观数据分析，发现受教育程度高的农户更容易或更愿意退

出农业选择参与非农务工来获得更高的劳动报酬。针对农户规模变量的边际效应也为负，并显著不等于0，表明农户人口数量越多越不可能在动力密集型的耕地环节中使用农业机械。拥有更多成员的家庭由于可以供应更多的农业劳动力，将降低对替代劳动技术比如农业机械的需求（陈宝峰等，2005；刘玉梅和田志宏，2009；Ma 等，2018）。接受了农技服务的农户平均使用农业机械的概率将会增加 12.1%，表明农技服务在帮助小农户获取农业机械服务信息上扮演了重要角色。这一结论与 Pan 等（2018）针对乌干达的研究结论一致，他们发现农业技术推广服务项目可以有效促进小农户使用更高的耕作技术并提升食物安全。交通条件变量显著正向影响农户农业机械使用决策。相对于交通不便的农户而言，拥有良好交通条件的农户使用农业机械的概率平均增加了9%。推动农村交通设施发展可以帮助农户更为方便地获取农技服务。

玉米生产投入变量同样显著地影响农业机械使用决策。耕地规模变量显著地提升了农户使用农业机械的概率，这说明农户拥有较大的土地经营规模会更愿意使用农业机械进行生产。这一结论与 Lai 等（2015）一致，他们通过分析河南和山东的农业机械使用影响因素发现扩大小麦和玉米的耕种面积将会促使农户使用农业机械生产。这在一定程度上也反映了农业技术的不可分割特性，特别是大型农业机械对规模的要求（Lu 等，2016）。农药、化肥和种子投入变量均呈现显著且正向的边际效应，说明其他要素投入的增加将会诱使农户使用农业机械技术进行配套生产。这一结论与 Ma 等（2018）针对中国和 Takeshima 等（2013）针对加纳的研究发现一致。最后，估计结果还表明了地理位置差异也是决定农业机械使用的重要因素。

7.4.2　农户农业机械使用对玉米产量的影响分析

通过对方程（7-6）进行估计，可以得到农业机械使用和其他控制变量对玉米产出的 UQR 模型估计，相关结果陈列在表 7-5 中。为了简化和便于分析，这里仅呈列第 20 分位点、第 50 分位点和第 80 分位点的 UQR 模型估计结果，同时为了便于比较，本书还同时采用OLS模型进行了估计，并将结果陈列在表7－5的最后一列。同时，图7－3展示了农业机械使用量对农户玉米产量所有分位点影响的系数变化。

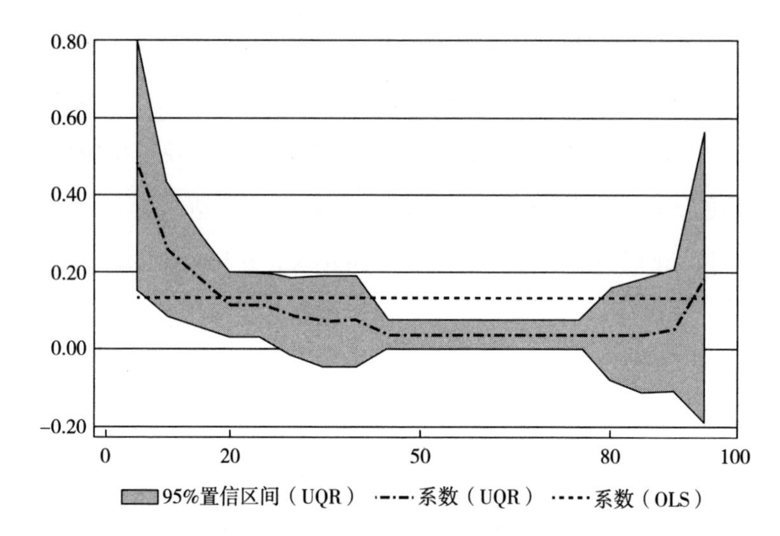

图7－3　农业机械使用对玉米产量分布的影响

表7－5　农业机械使用对玉米产量不同分位点的影响：基于UQR模型

因变量＝ln（玉米产量）				
变量	20th	50th	80th	OLS
农业机械使用	0.114（0.044）***	0.039（0.019）**	0.038（0.062）	0.133（0.045）***
年龄	0.000（0.001）	0.000（0.001）	0.004（0.002）**	0.002（0.001）**
性别	0.031（0.027）	0.018（0.016）	0.019（0.039）	0.036（0.024）
受教育程度	0.002（0.004）	0.000（0.002）	0.014（0.007）**	0.011（0.005）**
非农就业	0.014（0.025）	−0.001（0.014）	−0.047（0.036）	−0.027（0.023）
农户规模	0.006（0.007）	0.008（0.004）**	0.003（0.010）	0.009（0.006）
农技服务	0.030（0.033）	0.001（0.019）	−0.067（0.043）	0.006（0.029）
交通状况	−0.026（0.036）	0.043（0.018）**	0.079（0.042）*	−0.001（0.030）
土壤质量	0.093（0.031）***	0.095（0.015）***	0.074（0.041）*	0.150（0.028）***
耕地规模（ln）	0.093（0.018）***	0.043（0.010）***	0.055（0.025）**	0.067（0.018）***
农药投入（ln）	0.012（0.013）	0.019（0.005）***	0.013（0.013）	0.015（0.012）
化肥投入（ln）	0.031（0.028）	0.038（0.015）***	0.133（0.050）***	0.033（0.026）

续表

因变量 = ln（玉米产量）				
变量	20th	50th	80th	OLS
种子投入（ln）	0.061（0.031）*	0.089（0.025）***	0.083（0.065）	0.130（0.042）***
甘肃	−0.086（0.051）*	−0.123（0.033）***	0.244（0.095）**	−0.053（0.053）
河南	−0.233（0.034）***	−0.151（0.018）***	−0.110（0.041）***	−0.278（0.032）***
IMR	0.010（0.054）	−0.001（0.027）	−0.099（0.073）	−0.019（0.048）
常数项	5.957（0.233）***	6.077（0.145）***	5.337（0.435）***	5.595（0.244）***
Adjusted R^2	0.223	0.387	0.225	0.391
观测值	493	493	493	493

注：①括号内为标准误；②***、**和*分别表示在 1%、5% 和 10% 的水平下显著；③地区虚拟变量以山东为参照组。

根据表 7－5 中的结果可以看出，农业机械使用对玉米产量存在显著的正向影响，表明农业机械使用可以促进农户玉米产量增长，这一结论与 Benin（2015）针对加纳的研究结果一致。参考 Mishra 等（2015），离散的农业机械使用变量对玉米产量影响的比例效应可以通过p_i = ［exp（λ_i）－1］计算，其中λ_i为农业机械使用变量的估计系数。研究发现，OLS 模型估计得到的农业机械使用均值效应为 14%，农户使用农业机械可以提高 14% 的玉米单产，但 OLS 估计结果无法反映农业机械使用的异质性效应。通过 UQR 模型估计发现，农业机械使用在第 20 分位点，可以增加 12%（［exp（0.114）－1］）的玉米产量，在第 50 分位点，可以增加 4%（［exp（0.039）－1］）的玉米单位产量。而在 UQR 模型中，在第 80 分位点，农业机械使用对玉米产量的影响并没有在相应统计水平上显著。此外，以上结论还表明相对高生产率农户使用农业机械，低生产率农户使用农业机械可以获得更多的报酬。这一发现与 Paudel 等（2019）针对尼泊尔的农户数据分析结论不谋而合，小农户和低效率农户将会从农业机械化过程中获益更多。

模型中控制变量的 UQR 模型估计结果表明，每增加 1 年的教育年限，将会在第 80 分位点显著增加 1.4% 的玉米产量产出，而每增加 1 位家庭成员将会相应地在第 50 分位点显著增加 0.8% 的玉米产出。通过与 OLS 结果对比，OLS

估计表明农户户主的受教育年限具有显著的正向影响，而农户规模则无统计显著性。因此，UQR 模型可以针对影响玉米产量不同分位点的因素提供更丰富的信息。交通条件同样是影响玉米产量的重要因素。表 7-5 的结果表明，更好的交通条件可以在第 50 分位点和第 80 分位点分别可以增加 4% 和 8% 的玉米生产。这主要是由于更好的交通等基础设施可以提高农业生产率和非农收入（Fan 和 Zhang，2004；Qin 和 Zhang，2016）。土壤质量变量显著并正向影响玉米产量。UQR 模型估计表明，更好的土壤质量可以促进玉米产量在第 20 分位点和第 50 分位点提升 10%，在第 80 分位点提升 8%。

由于在模型估计中，农业投入变量采用对数转换法或双曲正弦变换法进行变量转换，因此其相应的系数可以被解释为产出弹性。表 7-5 的结果表明，每增加 1% 的耕地规模，将会促进玉米产量在第 20 分位点、第 50 分位点和第 80 分位点分别增长 0.09%、0.04% 和 0.06%。农药投入同样会显著地促进玉米产量增加，每增加 1% 农药投入将提高在第 50 分位点 0.02% 的玉米产出。针对化肥投入变量，结果显示每增加 1% 化肥投入，将促进农户玉米产量在第 20 分位点和第 80 分位点分别增长 0.04% 和 0.13%。而每增加 1% 的种子投入将分别在第 20 分位点和第 50 分位点增加 0.06% 和 0.09% 的玉米产出，但种子投入变动对第 80 分位点的玉米产量影响不显著。这些发现印证了已有文献的结论，化肥、农药、种子等农业投入对增加农业产出和生产率至关重要（Komarek 等，2018；Prishchepov 等，2019）。

玉米产量也存在着地区差异。通过表 7-5 估计结果发现，在所选的分位点上玉米产量在河南相对低于对照组山东。而甘肃的农户玉米产量相对山东在不同的分位点存在差异，在第 20 分位点和第 50 分位点低于山东，在第 80 分位点高于山东。这表明农户玉米产量在气候、地理环境和制度安排等多因素共同作用下，存在明显的地理区域效应（Location-Fixed Effect）。最后，逆米尔斯比率 IMR 的系数在所选分位点均不显著，表明模型中农业机械使用的选择性偏误被合理控制，估计结果保持了一致性（Wooldridge，2015）。

出于对比分析的目的，本章还采用传统 CQR 模型对方程（7－6）中农业机械使用对农户玉米产量的影响进行了估计，相关估计结果如表7－6所示。CQR 估计结果表明，农业机械使用可以显著促进玉米产出水平的提升，在第20分位点和第50分位点分别可以提升25%（exp[0.221]－1）和13%（exp[0.124]－1），分别高于 UQR 对应分位点的估计结果。这种估计差异也体现在其他控制变量的估计系数上。例如，CQR 估计每增加1%的种子投入将会促进在第20分位点农户玉米产量增加0.15%，而这种效应在 UQR 模型对应分位点估计中仅为0.03%。以上结果比较说明，CQR 模型高估了农业机械使用变量和其他控制变量对玉米产量的影响。其中一个重要原因是，CQR 模型估计条件依赖于模型中其他变量，这使 CQR 模型在不重新定义条件分布的基础上不能自由增加或减少控制变量（Firpo 等，2009；Mishra 等，2015；Agyire－Tettey 等，2018）。因此，相对于传统的 CQR 模型，UQR 模型估计结果更加具有可靠性。

表7－6　农业机械使用对玉米产量不同分位点的影响：基于 CQR 模型

变量	因变量＝ln（玉米产量）		
	20th	50th	80th
农业机械使用	0.221（0.052）***	0.124（0.049）**	0.064（0.051）
年龄	0.000（0.001）	0.001（0.001）	0.002（0.001）***
性别	0.058（0.038）	0.046（0.029）	0.018（0.018）
受教育程度	0.003（0.004）	0.003（0.004）	0.009（0.005）*
非农就业	－0.046（0.041）	－0.013（0.017）	0.009（0.016）
农户规模	0.009（0.010）	0.009（0.007）	0.003（0.007）
农技服务	－0.019（0.043）	－0.001（0.030）	0.008（0.026）
交通状况	－0.052（0.034）	－0.022（0.030）	0.052（0.035）
土壤质量	0.194（0.047）***	0.125（0.036）***	0.080（0.033）**
耕地规模（ln）	0.110（0.032）***	0.066（0.020）***	0.013（0.015）
农药投入（ln）	0.006（0.019）	0.013（0.016）	0.016（0.013）
化肥投入（ln）	0.059（0.029）**	0.022（0.024）	0.065（0.020）***
种子投入（ln）	0.154（0.039）***	0.076（0.038）**	0.130（0.058）**

续表

变量	因变量 = ln（玉米产量）		
	20th	50th	80th
甘肃	-0.180（0.068）***	-0.007（0.068）	0.103（0.045）**
河南	-0.364（0.054）***	-0.224（0.034）***	-0.115（0.033）***
IMR	0.066（0.051）	-0.073（0.063）	-0.049（0.088）
常数项	5.291（0.283）***	6.030（0.223）***	5.633（0.231）***
McFadden R^2	0.306	0.222	0.275
观测值	493	493	493

注：①括号内为标准误；②***、**和*分别表示在1%、5%和10%的水平下显著；③地区虚拟变量以山东为参照组。

7.4.3 不同经营规模下农业机械使用对玉米产量的影响分析

由于农业机械的规模偏向，耕地规模的大小将在一定程度上影响农业机械使用效率，并对玉米产量产生影响（Wang 等，2016；曲朦和赵凯，2021）。换句话说，农业机械使用的条件和效率依赖于耕地规模的大小，不同的耕地规模下，农业机械对玉米产量的影响存在差异性，即农业机械使用由于耕地规模不同而对玉米产量的影响存在潜在的门槛效应。因此，在本部分进一步考察不同经营规模下农业机械使用对玉米产量的影响。在传统文献中，针对不同耕地规模的划分一般依赖于研究者的主观决策，而耕地规模的人为划分将会带入主观偏见而造成估计偏误（周晓时等，2017）。为避免人为划分耕地规模带来的偏误，这里借鉴 Hansen（1999）和周晓时等（2017）的做法，采用门槛回归模型（Threshold Regression Model），由样本数据特点内生驱动寻找内生的门槛值。

门槛回归的核心是寻找门槛值，并确定门槛个数。本节基于门槛回归模型，将耕地规模作为门槛变量，农业机械使用作为核心解释变量，玉米产量作为结果变量，并控制其他变量影响，通过栅格化搜索，当模型残差平方和最小时获得相应的门槛值。门槛效果的检验结果如表 7-7 所示。根据表 7-7 中的检验结果，采用自抽样（Bootstrap）方式获得的 F 统计量只有在单一门槛模型时显著，此时门槛值为 2. 5 亩。结果表明农业机械由于耕地规模而对玉米产量存在单一门槛效应。因此，本节根据单一门槛值将耕地规模划分为小规模和大规模两组，来考察不同规模下农业机械使用对玉米产量的异质性影响。同时根据无条件分位数模型系数的估计结果，不同规模下农业机械使用的无条件分位数估计系数如图 7 -4 所示。

表 7 -7　耕地规模门槛效果检验

模型	F 值	P 值	Bootstrap 次数	临界值		
				1%	5%	10%
单一门槛	7. 838 ***	0. 007	300	7. 62	4. 823	3. 192
双重门槛	0. 165	0. 683	300	7. 94	3. 815	2. 722
三重门槛	0. 952	0. 31	300	7. 292	3. 823	2. 731

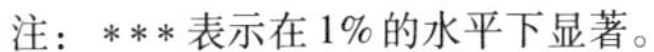
注：*** 表示在 1% 的水平下显著。

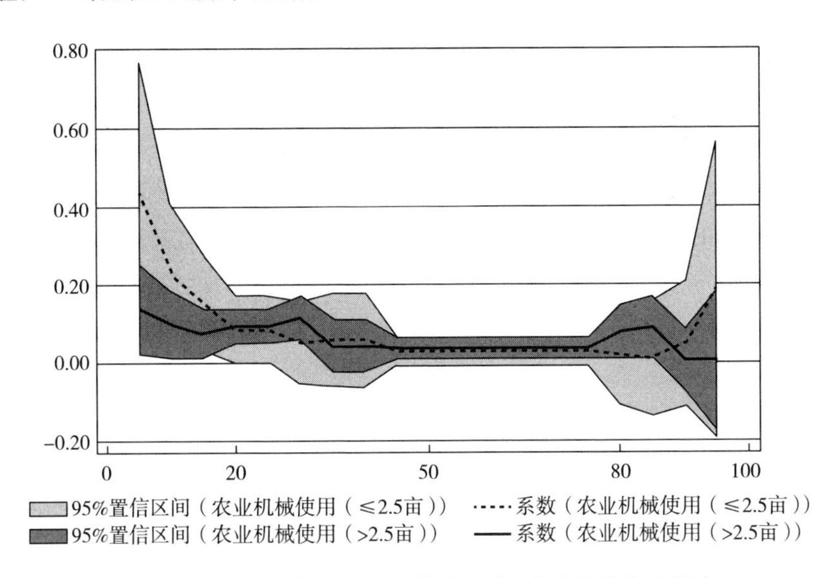

图 7 -4　不同规模下农业机械使用对玉米产量分布的影响

结合门槛回归模型，采用无条件分位数模型估计农业机械使用对玉米产量的异质性影响，估计结果如表 7 -8 所示。通过表中结果并结合图 7 -4 可以发现，农业机械使用对不同分位点玉米产量的影响受到耕地规模大小的调节。具体而言，第一，小规模农业机械使用的产出效应随着分位点上升而逐渐降低，且在第20分位点之后产出效应不显著。这在一定程度上验证了前文的结论，低产农户从使用农业机械中获益更多。第二，小规模农户在第20分位点、第50分位点和第80分位点使用农业机械对玉米产量的效应全部小于大规模农户，耕地规模对发挥和深化农业机械使用的产出效应具有门槛效应。第三，在大规模农户组中，低产农户使用农业机械获得的产出效应仍然最高。

表7-8　不同规模下农业机械使用对玉米产量不同分位点的影响：基于UQR模型

变量	因变量 = ln（玉米产量）		
	20th	50th	80th
农业机械使用（耕地规模≤2.5亩）	0.087（0.045）*	0.028（0.020）	0.017（0.064）
农业机械使用（耕地规模>2.5亩）	0.095（0.023）***	0.037（0.015）**	0.078（0.036）**
控制变量	控制	控制	控制
常数项	6.251（0.228）***	6.226（0.143）***	5.475（0.418）***
McFadden R^2	0.213	0.377	0.226
观测值	493	493	493

注：①括号内为标准误；②***、**和*分别表示在1%、5%和10%的水平下显著；③地区虚拟变量以山东为参照组；④为节约篇幅，其他控制变量在此不做汇报。

7.5　农户农业机械使用对玉米产量平等影响的实证分析

除了考察农业机械使用对农户玉米产量的异质性影响，本章的另一研究目标是分析玉米产量的波动性和不平等。本部分采用农户玉米产量分布的方差和

Gini 系数作为因变量，来考察农业机械使用对玉米产量不平等和波动性的影响，估计结果如表7－9所示。

表7－9 农业机械使用对玉米产量Gini系数和方差的影响估计

变量	Gini 系数		方差	
	系数	t 值	系数	t 值
农业机械使用	－0.007 (0.003)**	－2.358	－0.037 (0.022)*	－1.673
年龄	0.000 (0.000)***	2.650	0.002 (0.001)**	2.347
性别	－0.003 (0.002)	－1.207	－0.013 (0.017)	－0.765
受教育程度	0.001 (0.000)*	1.787	0.005 (0.003)*	1.916
非农就业	0.000 (0.002)	0.088	0.009 (0.015)	0.642
农户规模	0.000 (0.001)	0.030	0.000 (0.004)	0.091
农技服务	－0.004 (0.003)	－1.551	－0.029 (0.019)	－1.479
交通状况	0.003 (0.003)	1.177	0.017 (0.020)	0.860
土壤质量	－0.001 (0.002)	－0.549	0.004 (0.017)	0.263
耕地面积 (ln)	－0.009 (0.002)***	－4.982	－0.059 (0.013)***	－4.667
农药投入 (ln)	0.000 (0.001)	0.152	0.002 (0.006)	0.388
化肥投入 (ln)	0.002 (0.002)	0.801	0.012 (0.018)	0.710
种子投入 (ln)	－0.002 (0.003)	－0.756	0.002 (0.021)	0.116
甘肃	0.015 (0.005)***	3.174	0.065 (0.034)*	1.894
河南	0.016 (0.003)***	5.620	0.077 (0.020)***	3.942
IMR	－0.006 (0.004)	－1.399	－0.042 (0.031)	－1.366
常数项	0.016 (0.022)	0.746	－0.041 (0.152)	－0.271
Adjusted R^2	0.192		0.136	
观测值	493		493	

注：①括号内为标准误；②***、**和*分别表示在1%、5%和10%的水平下显著；②地区虚拟变量以山东为参照组。

根据表7－9中估计系数结果，使用农业机械可以促使农户间玉米产量 Gini 系数显著下降 0.07%，同时促使农户间玉米产量波动（方差）显著下降 0.37 个百分点。这一发现表明，通过使用农业机械，有利于降低玉米产量在农户间的不平等。农业机械不仅具有节本增效提高玉米产量的作用，还可以促进农户间产量平等，是一种兼顾了效率与公平的农业技术。

7.6 本章小结

在本章中，利用无条件分位数（UQR）模型和 493 份农户调研数据实证分析了农户农业机械使用对农户玉米产量的异质性影响。为了克服农业机械使用的自选择问题，本章采用两阶段控制方程模型来控制农业机械使用的内生性问题。此外，利用农户间玉米产量的 Gini 系数和方差，估计了农业机械使用对农户玉米产量的不平等和产量波动性的影响。

在两阶段控制方程中，第一阶段的实证结果发现，受教育年限、农户规模、农技服务获取、交通状况、土地面积以及农药、化肥和种子投入是决定农户使用农业机械的主要影响因素。在第二阶段 UQR 模型估计中，农业机械使用在第 20 分位点和第 50 分位点可以分别显著增加 12% 和 4% 的玉米产出。相对于高生产率农户使用农业机械，低生产率农户使用农业机械可以获得更多的报酬，耕地规模扩大有利于提高农业机械使用的产出效应。此外，玉米产量受到农技服务获取、交通状况、土地面积及农药、化肥、种子投入的影响。针对玉米产量方差和 Gini 系数的估计确认了农业机械是一种偏向公平的农业技术，其兼顾了粮食产量提升和产量平等。

本章的分析针对农业可持续发展和农村发展具有重要的现实政策意义。针对农业机械使用可以显著提高玉米产出水平，政策制定者应提供更多适合低生

产率农户使用的农业机械，并扩大农机服务市场方便农户获取所需的农业机械。此外，农技服务和提高交通便利程度都可以促进农业机械使用，说明倾向于增加农村交通设施投资、促进农技服务组织发展的政策能够增加农户使用机械的概率。

第8章　农户农业机械使用对土地生产率影响的实证分析

农业机械化可以通过弥补一些仅依靠人力、畜力不可能实现的生产技术缺陷，例如深耕和深松等，有效促进土壤结构改善，增加有机物质含量，进而提高农业土地生产率（FAO，2013）。基于农户同时种植多种作物的生产现实，本章采用一个新的农业机械生产模式指标来反映种植业生产全过程中的农业机械使用情况，利用土地生产率来反映种植业综合产出，通过多元内生转换模型控制农户农业机械使用的自选择效应，评估了农业机械使用对土地生产率的影响。

8.1　研究问题

尽管农业机械化在提高土地生产率和促进农村发展过程中扮演了重要的角色，但是由于资金约束（钟真等，2018）、劳动力禀赋（王善高和田旭，2018）和地形地貌条件约束（周晶等，2013；郑旭媛和徐志刚；2017；Wang等，2018），并不是所有的农户都会在他们的农业生产中使用机械。在现实中，

农户在农业生产中面临三种互斥的农业机械化决策，即无机械化生产、半机械化生产和全机械化生产。这三种农业机械生产模式并不局限于某一种作物或某一具体生产环节，而是适用于整个农业生产过程，可以用来全面考察农业机械使用的综合影响。

选择合适的农业机械使用指标，考察整体种植业产出情况，可以为政策制定者提供更全面和更准确的政策工具。但是，当前的研究大多关注于某一作物的特定生产环节（例如收获、耕地）中农业机械化情况，或简单加总不同环节的农业机械使用情况，但这并不能控制不同环节机械使用的异质性。基于以上分析，本章研究问题为：在家庭种植业生产中，农户对不同机械化模式的选择是否都可以提高土地生产率？具体幅度有多大？不同农业机械化模式对土地生产率的影响是否存在异质性？农业机械生产是否对“土地规模—生产率”关系具有调节作用？

8.2 多元内生转换模型

如前文所述，农户一般会根据可观测因素（例如年龄、性别、受教育程度、外出务工等）和不可观测因素（农户的先天能力和农业机械化动机等）自行决定选择何种农业机械化方式（Ma 等，2018d；Takeshima，2018），这种情况下将会导致关于农业机械化模式变量的自选择和内生性问题（Heckman，2010），需要在实证中进行控制或消去来获得农业机械化对土地生产率影响的无偏估计。当处理变量的选项超过 2 个时，多值处理效应（Multivalued Treatment Effects，MVTE）模型经常被已有文献用来控制选择性偏误并估计政策或技术采纳的影响（Linden 等，2016；Ma 等，2018）。但是，多值处理效应模型无法控制由于不可观测因素带来的选择性偏误，并且由于多值处理效应模型的非参数性质也无法获得针对土地生产率的参数估计。为了获得农业机械化的无偏效应估计，本章参照 Di Falco 和 Veronesi（2013）、Vigani 和 Kathage（2019）的研究，采用多元内生转换回归（Multinomial Endogenous Switching Regression，MESR）模型来分析三种不同的农业机械化方式对土地生产率的影响。相对于多值处理效应模型，多元内生转换模型是一种相对较为前沿的选择性偏误修正方法，可以同时控制由可观测因素和不可观测因素造成的选择性偏误问题。

针对多元内生转换模型的估计可以分为并行的两个阶段。在第一阶段，针对农户不同农业机械化模式选择的现实，本章采用多元 Logit 回归（Multinomial Logit，MNL）模型进行分析；在第二阶段，采用普通最小二乘法（Ordinary Least Square，OLS）回归模型对土地生产率进行回归估计，其中在此阶段加入从第一阶段计算得来的选择性偏误修正项来控制选择性偏误。最后估计农业机械化模式选择对土地生产率的平均处理效应（Average Treatment Effects，ATE）。

8.2.1 第一阶段估计：农业机械化模式选择的影响因素估计

本章中假设农民都是理性经济人，并且他们会在三种独立不交叉机械化模式中（包括无机械化生产、半机械化生产和全机械化生产）选择能够最大化自身效用的一种模式应用在农业生产中。为了便于分析设定，这里假设针对任一农户 i，其选择农业机械化模式 j 的期望效用是 A_{ij}，而选择其他任一非 j 的模式 k 的期望效用为 A_{ik}。这种情境下，一个理性的农户 i 会且仅会在 $A_{ij}^* = A_{ij} - A_{ik} > 0$（$j \neq k$）时选择模式 j，其中 A_{ij}^* 表示模式 j 和模式 k 下期望效用差异。由于 A_{ij}^* 的主观性，并不能在现实中进行观测，但其可以用潜变量模型被表示为一系列可观测变量的方程：

$$A_{ij}^* = Z_i \beta_j + \mu_i, \quad j = 1, 2, 3 \tag{8-1}$$

其中，Z_i 表示一系列农户和农业生产层面的特征变量；j 是一个组别变量，用来表示个体农户对农业机械化模式 j 的选择；β_j 表示相应变量的待估计系

数；μ_i是一个服从正态分布的随机标准误差。尽管从不同农业机械化模式选择中得到的期望效用不能被直接观测，但是农户 i 对农业机械化模式 j 的选择决策可以被表示为：

$$A=\begin{cases}1, & \text{if} \quad A_{i1}^{*}>\max_{j\neq 1}(A_{ij}^{*})\\ 2, & \text{if} \quad A_{i2}^{*}>\max_{j\neq 2}(A_{ij}^{*})\\ 3, & \text{if} \quad A_{i3}^{*}>\max_{j\neq 3}(A_{ij}^{*})\end{cases} \tag{8-2}$$

其中，A 是一个表示可观测到的农户对农业机械化模式的选择指标。方程（8－2）意味着农户是理性的，他们只会选择能够让自己家庭效用最大的农业生产方式。参照 McFadden（1973）、Bourguignon 等（2007）的研究，具有特征Z_i的农户 i 选择第 j 种农业机械化模式的概率可以被一个多元 Logit（MNL）模型表示：

$$P_{ij}=\Pr(\tau_{ij}<0 \mid Z_i)=\frac{\exp(Z_i\beta_j)}{\sum_{k=1}^{J}\exp(Z_i\beta_j)} \tag{8-3}$$

其中，$\tau_{ij}=\max_{k\neq j}(A_{ik}^{*}-A_{ij}^{*})$。这里可以采用最大似然（Maximum Likelihood，ML）方法估计方程（8－3）MNL 模型参数。

8.2.2　第二阶段估计：土地生产率的影响因素估计

在多元内生转换回归（MESR）模型的第二阶段，可以采用普通最小二乘法（OLS）对结果方程进行估计。参考 Di Falco 和 Veronesi（2013）、Vigani 和 Kathage（2019）的研究，针对不同机械化选择下的结果方程表示如下：

$$\begin{cases}\text{情境 1：} Y_{i1}=X_i\theta_1+\varepsilon_{i1} & \text{if} \quad j=1\\ \text{情境 2：} Y_{i2}=X_i\theta_2+\varepsilon_{i2} & \text{if} \quad j=2\\ \text{情境 3：} Y_{i3}=X_i\theta_3+\varepsilon_{i3} & \text{if} \quad j=3\end{cases} \tag{8-4}$$

其中，Y_{ij}（j＝1，2，3）代表结果变量，即 j 组农户 i 的土地生产率。X_i是影响土地生产率的解释变量向量；θ_j表示附属待估计参数；ε_{ij}是服从 0 均值正态分布的随机误差项。

来自于可观测因素造成的选择性偏误问题可以由方程（8-4）中的控制变量X_i进行控制。但是，结果方程中如果仍存在由不可观测因素造成的选择性偏误，仅加入控制变量X_i进行估计的结果仍然是有偏的。在 MESR 模型框架中，来自于不可观测因素造成的选择偏误可以通过在结果方程（8-4）中加入选择偏误纠正项来控制。具体而言，在 MESR 模型估计过程中，选择偏误纠正项需在方程（8-3）估计之后通过计算获得，然后作为额外回归变量自动进入结果方程（8-4）中。因此，结果方程（8-4）可以被改写成如下形式：

$$\begin{cases} \text{情境 1：} Y_{i1} = X_i \vartheta_1 + \sigma_1 \lambda_1 + \nu_{i1} \quad \text{if} \quad A_i = 1 \\ \text{情境 2：} Y_{i2} = X_i \vartheta_2 + \sigma_2 \lambda_2 + \nu_{i2} \quad \text{if} \quad A_i = 2 \\ \text{情境 3：} Y_{i3} = X_i \vartheta_3 + \sigma_3 \lambda_3 + \nu_{i3} \quad \text{if} \quad A_i = 3 \end{cases} \tag{8-5}$$

其中，Y_i和X_i变量定义与前文定义一致；λ_1、λ_2和λ_3表示三个来自于 MESR 模型第一阶段估计出的选择偏误修正项，在方程（8-5）中用来控制由不可观测因素带来的选择性偏误。在第一阶段方程（8-3）估计完成后，通过公式$\lambda_j = \sum_{k \neq j}^{j} \rho_j \left[\frac{\hat{P}_{ik} \ln(\hat{P}_{ik})}{1 - \hat{P}_{ik}} + \ln(\hat{P}_{ij}) \right]$进行计算（$\rho_j$表示结果方程和选择方程中误差项$\nu_{ij}$和$\mu_{ij}$之间的相关系数）；$\vartheta_j$和$\sigma_j$（j=1，2，3）表示相应的待估计系数参数；$\nu_{ij}$表示随机误差项。在多元选择设定（Multinomial Choice Setting）中，共有 J-1 个选择偏误纠正项需要加入到每一选项组下的结果方程中去。为控制来自于选择偏误纠正项带来的异方差，本章在估计方程（8-5）时采用自抽样（Bootstrap）100 次的方式获得相应参数的标准误（Vigani 和 Kathage，2019）。

这里需要指出的是，结果方程（8-5）中的解释变量X_i可以被允许与选择方程（8-1）中的解释变量Z_i重叠。但是，为了 MESR 模型的识别（即排除性假设），至少需要Z_i中存在一个变量，而这个变量不出现在X_i中。因此，本书在 MNL 方程的估计中除加入与结果方程一致的解释变量外，另外包含一个

用于识别的工具变量。一个有效的工具变量需要满足相关性（即与农业机械模式选择决策相关）和外生性（即不影响结果变量土地生产率）条件。本章中采用农户所在村是否建设有公共图书馆作为工具变量加入到选择方程中。在这里假设图书馆建设将会影响农户的农业机械化模式选择行为，但不影响其土地生产率，这一假设存在一定的合理性，通过图书馆信息传递可以促使农户更加方便接触和采纳先进的农业技术例如农业机械化，但是，图书馆建设并不会直接影响农户的土地生产率。

为了保证采用工具变量的有效性，本章采用两种策略分别对工具变量的有效性进行检验。一方面，参考 Di Falco 等（2011），进行一个简单证伪检验（Falsification Test）。检验结果表明图书馆变量显著影响农户对农业机械化模式的选择行为，但对结果变量土地生产率的影响在各统计水平均不显著。另一方面，采用皮尔逊相关系数（Pearson Correlation Analysis）进行检验，结果表明图书馆变量与农户农业机械化模式选择变量显著相关，而与土地生产率变量无显著关系。以上分析表明本章实证分析中采用图书馆变量作为工具变量具有合理性和有效性。

8.3 针对处理组的处理效应估计框架

MESR 模型第一阶段和第二阶段的估计为了解农业机械化模式选择和土地生产率的影响因素提供了较好的材料。但是，为了分析农业机械化模式选择对土地生产率的影响，还需要进一步的计算。参考 Khonje 等（2018）、Kumar 等（2019）的研究，对处理组的平均处理效应（ATT）的估计通过比较事实和反事实情境下的预测结果变量（土地生产率）来获得。具体而言，针对事实情境半机械化生产和全机械化生产模式下预测结果变量可以被表示如下：

$$E(Y_{ij} \mid A=j, X, \lambda_{ij}) = \vartheta_j X_i + \sigma_j \lambda_j,\ j=2,3 \qquad (8-6a)$$

针对反事实情境半机械化生产模式和全机械化生产模式下预测结果变量可以被表示如下：

$$E(Y_{i1} \mid A=j, X, \lambda_{ij}) = \vartheta_1 X_i + \sigma_1 \lambda_j,\ j=2,3 \qquad (8-6b)$$

那么针对处理组的平均处理效应可以通过方程（6－6a）和方程（6－6b）的差分获得：

$$ATT = E[Y_{ij} \mid A=j] - E[Y_{i1} \mid A=j]_, = X_{ij}(\vartheta_j - \vartheta_1) + \lambda_j(\sigma_j - \sigma_1),\ j=2,3 \qquad (8-7)$$

8.4 实证数据与描述性统计

8.4.1 数据说明

本章实证数据来自于中国劳动力动态调查数据库（China Labor－force Dynamics Survey，CLDS）2016年调查数据，该数据库由中山大学在全国东部地区、中部地区、西部地区进行家庭抽样获取。采用一个多阶段的分层PPS（Probability Proportional to Size）抽样技术，CLDS数据包含全国29个省份数据（不包含西藏和海南及港澳台地区），确保了数据库样本信息具有一定的全国代表性。该数据库包含个体和家庭层面特征信息，包括家庭日常生活活动、金融财产、农户劳动力流动、农业生产销售等。2016年CLDS数据库共包含14200个样本，其中8248个是农村农户，5952个是城镇家庭。由于本章研究关注的是农业机械化对土地生产率的影响，在实证分析中剔除了相关的城镇样本和不从事农业生产的农户样本。经过数据清洗后，共有6447个农户样本被纳入本章实证分析。

本章关注的处理变量是农户农业机械化模式选择变量，具体包含无机械化生产、半机械化生产和全机械化生产三个互斥选项。结果变量为农户家庭种植业土地生产率，这里用亩均种植业[①]产出总价值作为衡量指标。参考已有研究（曹阳和胡继亮，2010；纪月清和钟甫宁，2011；Benin，2015；Ma 等，2018；Mottaleb 等，2016；Paudel 等，2019；Takeshima，2018；Takeshima 等，2018；Zhang 等，2019），并考虑到数据可得性，本书在实证模型中还加入了农户户主年龄、性别、受教育程度、外出务工就业情况、农户规模、信贷获取情况、土地确权证书、灌溉率、村集体农业机械化服务以及地区变量。

8.4.2　变量的描述性统计

图 8－1 反映了不同地区发展水平上不同农业机械化模式与土地生产率的关系[②]。结果表明，土地生产率在不同的地区和不同的农业机械化模式下具有明显的差异。第一，在东部地区、中部地区和西部地区，土地生产率在全机械化生产模式下都处于最高水平，无机械化生产模式下处于最低水平，两者之间的平均差距高达 888 元/亩。第二，在无机械化生产模式下，不同地区农户的土地生产率差异不明显。而在半机械化和全机械化生产模式下，西部地区的土地生产率都处于最低水平。具体而言，在半机械化生产模式下，中部地区农户土地生产率最高（1371 元/亩），西部地区土地生产率最低，仅为 924 元/亩。在全机械化生产模式下，东部地区农户的土地生产率最高为 1486 元/亩，平均高出西部地区 225 元/亩。西部地区土地生产率相对低下，可能原因在于西部地区农业生产条件较为落后，机械化程度也相对较低，不利于土地生产率的提高。

① 具体包含蔬菜、水果、山林和粮食生产。

② 本章实证涉及变量的定义及其描述性统计见表 4－1，在此不再赘述。

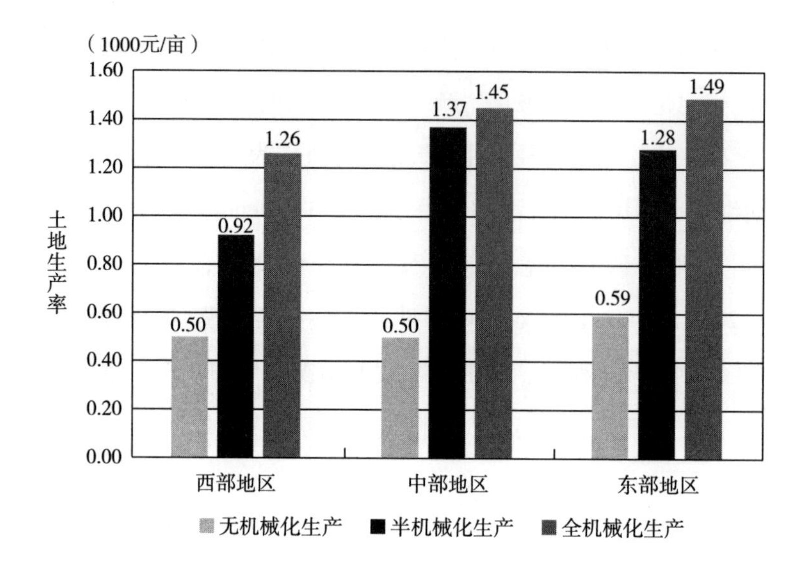

图 8-1　东部地区、中部地区、西部地区农业机械化模式与土地生产率

为了考察不同农业机械化模式下农户自身及其生产特征的异质性，本节采用均值差异检验分析相关变量的均值差异大小和显著性（见表 8-1）。在表 8-1的第 5 列报告了组间均值差异检验的 F 统计量以及统计显著性。结果表明，当农业生产模式从无机械化生产转向半机械化生产再到全机械化生产模式时，对应的土地生产率从 527 元/亩分别提高到 1221 元/亩和 1416 元/亩，并且不同模式下的土地生产率具有 1% 统计水平下显著的差异。表 8-1 中组间统计表明伴随着农业生产模式从无机械化生产转向半机械化生产最终到全机械化生产，户均耕地规模从 5.17 亩单调递增，分别增长到 7.73 亩和 10.17 亩，且耕地规模的组间差异在统计水平显著。总体而言，表 8-1 的结果表明无机械化生产、半机械化生产和全机械化生产模式采纳农户在可观测的特征上具有系统性的差异。这一结论表明了农户对农业机械化模式选择可能由于自愿特征而带来选择性偏误。因此，本书采用严谨的计量经济学方法——MESR 模型来进一步探究农业机械化模式选择对土地生产率的无偏估计效应。

表 8 - 1　三种农业机械化模式下变量的均值差异比较

变量	无机械化生产	半机械化生产	全机械化生产	F 统计量
土地生产率	0.527（1.719）	1.221（1.838）	1.416（2.094）	140.20***
年龄	53.690（13.110）	53.170（11.060）	53.270（11.040）	7.77***
性别	0.833（0.373）	0.878（0.328）	0.876（0.329）	0.14
教育	2.436（1.128）	2.596（1.033）	2.657（1.070）	6.95***
非农就业	0.462（0.499）	0.445（0.497）	0.428（0.495）	2.47*
农户规模	4.625（2.196）	5.022（2.318）	4.494（2.024）	23.03***
信贷获取	0.331（0.471）	0.347（0.476）	0.312（0.464）	1.65
耕地规模	5.169（6.721）	7.725（8.284）	10.17（10.50）	179.96***
土地确权证书	0.502（0.500）	0.482（0.500）	0.599（0.490）	17.54***
土地灌溉率	0.473（0.429）	0.495（0.443）	0.402（0.458）	13.54***
农业补贴	0.111（0.701）	0.468（0.708）	0.592（1.106）	214.79***
农机服务	0.238（0.426）	0.343（0.475）	0.312（0.464）	35.22***
图书馆	0.749（0.433）	0.793（0.406）	0.795（0.404）	8.24***
西部地区	0.390（0.488）	0.247（0.431）	0.277（0.448）	62.13***
中部地区	0.295（0.456）	0.308（0.462）	0.254（0.435）	4.29**
东部地区	0.314（0.464）	0.445（0.497）	0.469（0.499）	65.92***

注：①括号内为标准误；②***、**和*分别表示在 1%、5%和 10%的水平下显著；③F 统计量用来表示不同组的均值差异检验，其原假设为各组之间的均值差异为 0。

8.5　实证估计结果、解释及讨论

8.5.1　土地生产率的影响因素分析

由于 MESR 模型的第一阶段估计结果与第 4 章中分析一致，此处不再赘述。在第二阶段中，针对无机械化生产模式采用者、半机械化生产模式采用者和全机械化生产模式采用者的土地生产率的影响因素估计分别呈列在表8－2的第2列、第3列和第4列。实证结果表明户主年龄变量的系数在第2列和第3列符号为负并在统计上显著，表明年长的农户户主将拥有更低的土地生产率。相对于年轻的户主，年老户主面临更差的身体健康条件，并缺乏相应先进的农业生产技能，这些都会限制和约束农户从农业生产中获益。户主性别变量的系数在表8－2的第2列为负，且在1%统计水平上显著，但其在第3列中又呈现出了显著的负向影响。这一发现表明相对于女性户主，男性户主在无机械化生产模式下可以获得更高的土地生产率，但是在半机械化生产模式下收获较低的土地生产率。传统上，农业生产被男性所主导，但是在女性为户主的家庭中，采用农业机械可以促进对农村妇女赋权并获得更高的土地生产率（Fischer等，2018）。非农就业变量同时在无机械化生产模式和全机械化生产模式下表现出显著的负向影响，表明参与非农就业将会降低土地生产率。这一发现与文献中所谓的劳动损失效应一致（Ma等，2018）。随着非农就业工资上涨和农村劳动力代际更迭，农业生产的比较收益不断降低，对劳动力转移的抑制影响趋于弱化（陈奕山，2019），因此更多的劳动力被分配到非农工作将会降低农业劳动分配，最终将会损害农业经济发展。

表8－2　三种农业机械化模式下土地生产率的影响因素估计：基于MESR模型

变量	因变量＝土地生产率		
	无机械化生产	半机械化生产	全机械化生产
年龄	－0.025（0.007）***	－0.012（0.006）*	－0.016（0.010）
性别	0.198（0.119）*	－0.182（0.110）*	0.217（0.183）
教育	－0.004（0.042）	0.021（0.041）	－0.047（0.057）
非农就业	－0.271（0.110）**	－0.095（0.111）	－0.497（0.185）***
农户规模	0.129（0.052）**	－0.079（0.042）*	－0.039（0.061）
信贷获取	0.213（0.135）	－0.074（0.104）	－0.132（0.154）
耕地规模	－0.008（0.010）	－0.021（0.013）*	－0.013（0.013）
土地确权证书	－0.156（0.130）	0.354（0.147）**	0.283（0.236）

续表

变量	因变量 = 土地生产率		
	无机械化生产	半机械化生产	全机械化生产
土地灌溉率	0.464（0.187）**	0.165（0.159）	0.589（0.215）***
农业补贴	2.724（0.663）***	-0.053（0.132）	0.021（0.125）
农机服务	0.774（0.187）***	-0.111（0.111）	-0.188（0.168）
中部地区	0.286（0.196）	0.540（0.183）***	0.089（0.262）
东部地区	0.769（0.216）***	0.281（0.157）*	-0.025（0.232）
σ^2	39.851（26.106）	3.370（2.404）	6.428（4.039）
λ_1	—	0.229（0.365）	0.434（0.267）
λ_2	1.156（0.208）***	—	—
λ_3	-0.855（0.303）***	-0.179（0.595）	-0.707（0.483）
常数项	2.122（0.507）***	2.259（0.549）***	1.367（1.630）
观测值	3964	1577	906

注：①括号内为标准误；②***、**和*分别表示在1%、5%和10%的水平下显著；③地区变量的参照组为西部地区。

农户规模的系数在无农业机械化生产模式下是显著正向的，但在半机械化生产模式下是显著负向的。这一发现表明，如果他们采用无农业机械生产模式，更大规模的农户将能够获取更高的土地生产率。耕地规模变量在半机械化生产模式下系数为负且显著拒绝系数为 0 的原假设。这表明，农户耕作更大的土地面积将会获取更低的土地生产率。这一发现与文献中关于农业规模与生产率之间的负向关系研究结论一致（Kagin 等，2016；Newman 等，2015）。土地确权证书变量第 3 列系数为正且统计显著，表明拥有土地确权证书可以显著提高土地生产率。这可能是因为土地承包经营权确权可以强化农户的土地禀赋效应，有利于促进有扩大经营规模意愿农户的流入土地和长期农业经营（王士海和王秀丽，2018；Chari 等，2021）。对土地安全更好的保障可以激励农户进行促进产量提高的投入（化肥、良种、农药等）来获得更高的土地生产率（Deininger 和 Jin，2009）。土地灌溉率变量的系数表明土地灌溉率的提高显著促进了无农业机械化生产模式采用者和全机械化生产模式采用者的土地生产率，这一发现与 Chaudhry 和 Barbier（2013）的研究结论一致。灌溉可以促进作物对农业投入例如化肥的吸收，进而促进土地生产率的提高。农业补贴变量系数表明增加农业补贴可以显著促进无农业机械化生产模式采用者的土地生产率。在一项针对尼日利亚的研究中，Wossen 等（2017）发现基于移动电话的农业补贴项目中通过提高化肥和良种电子优惠券可以促进玉米的土地生产率提高。

土地生产率的差异同样体现在地区效应中。表 8 - 2 的结果表明，相对于生活在西部地区的农户，东部地区的无机械化生产模式采用者拥有更高的土地生产率，而中部地区和东部地区采用半机械化生产模式的农户同样拥有更高的土地生产率。这一发现表明，地形、地貌状况和地区制度安排等因素的地区固定效应对土地生产率有显著影响。例如，农业劳动力成本上升会促进机械对劳动的替代，且这一效应在平原、耕地坡度低的地区更为显著（郑旭媛和徐志刚，2017）。

在以上分析中针对影响农户采用不同类型的农业机械化模式和影响农户土地生产率的因素提供了一个较为全面的展示。但是，为了分析和了解农业机械化对土地生产率的具体影响大小，需要进一步估计平均处理效应。

8.5.2 农业机械化对土地生产率的平均处理效应

MESR 模型不仅可以对于选择方程和结果方程进行参数估计，还可以进一步基于方程（8 - 7）估计针对处理组的平均处理效应即 ATT（见表 8 - 3）。与表 8 - 1 中的均值差异分析不同，MESR 模型对 ATT 的估计可以同时控制由可观测因素和不可观测因素带来的选择性偏误，可以得到不同的农业机械化模式选择对土地生产率影响的无偏估计量。

根据表 8 - 3 可知，无论是半机械化生产模式还是全机械化生产模式，都可以显著提高土地生产率。相对于未采用农业机械化生产的农户土地生产率，半机械化生产模式和全机械化生产模式分别能够促进土地生产率提高 459 元/亩和 637 元/亩。

表8-3 农业机械化模式对土地生产率的影响：基于MESR模型

农业机械化模式	平均土地生产率		ATT	t值
	采用该模式	未采用该模式		
半机械化生产	1.221（0.010）	0.762（0.009）	0.459（0.010）***	45.463
全机械化生产	1.416（0.018）	0.779（0.015）	0.637（0.019）***	34.147

注：①括号中为标准误；②***表示在1%的水平下显著；③土地生产率的单位是1000元/亩。

为了更直观地展示农业机械化与土地生产率之间的关系，本书采用Kernel密度图来刻画不同农业机械化模式下的土地生产率预测值分布（见图8-2）。图中结果表明针对半机械化生产和全机械化生产模式下的土地生产率预测值分布相对于无机械化生产模式下土地生产率更偏向右侧，这一结果直观表明农业机械化可以促进土地生产率提高，且相对于采用半机械化生产模式而言，采用全机械化生产模式可以使农户受益更多。

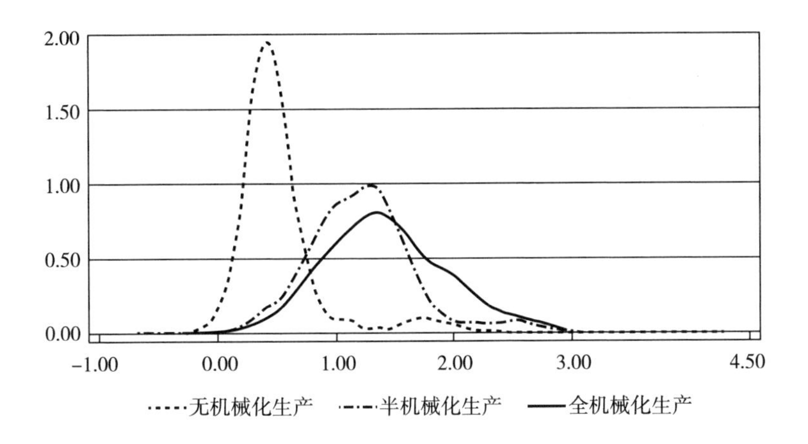

图8-2 不同农业机械化模式下土地生产率（1000元/亩，预测值）的Kernel密度分布

8.5.3 稳健性检验

考虑到不同地区农业生产条件的差异，为了进行稳健性检验，本节按照东

部地区、中部地区和西部地区的分组，分别利用 MESR 模型估计了农业机械化模式对土地生产率的平均处理效应（见表 8－4）。分地区估计结果与前文对整体模型的估计结果基本保持一致，具体而言：第一，农户采用半机械化生产和全机械化生产模式在各地区都显著提高了土地生产率。第二，无论是半机械化生产还是全机械化生产模式，其对土地生产率的提升幅度在中部地区都最大。中部地区地势平坦，具有更加良好的生产条件，其机械化程度和土地生产率水平相对更高。与前文的描述性统计结果一致，西部地区农户的土地生产率无论是在半机械化生产模式还是在全机械化生产模式下都处于最低水平。第三，在各地区中，半机械化生产模式对土地生产率的提升幅度都小于全机械化生产模式的提升幅度。

表 8－4　不同地区农业机械化模式对土地生产率的影响：基于 MESR 模型

农业机械化模式	地区	平均土地生产率		ATT	t 值
		采用该模式	未采用该模式		
半机械化生产	西部	0.923 (0.025)	0.649 (0.023)	0.274 (0.023)***	11.791
	中部	1.371 (0.016)	0.540 (0.031)	0.831 (0.030)***	27.389
	东部	1.281 (0.019)	1.103 (0.022)	0.178 (0.020)***	8.981
全机械化生产	西部	1.262 (0.063)	0.506 (0.031)	0.756 (0.052)***	14.674
	中部	1.453 (0.039)	0.496 (0.040)	0.957 (0.047)***	20.287
	东部	1.487 (0.023)	1.178 (0.033)	0.309 (0.039)***	7.883

注：①括号中为标准误；②*** 表示在 1% 的水平下显著；③土地生产率的单位是 1000 元/亩。

此外，本章采用多值处理效应（MVTE）模型来估计农业机械化模式对土地生产率的影响，进一步考察 MESR 估计结果的稳健性（见表 8－5）。MVTE 模型同样可以处理自选择偏误问题，其与 MESR 模型的区别在于 MVTE 模型仅能够控制由可观测因素带来的选择性偏误。MVTE 估计结果发现，无论是半机械化生产模式还是全机械化生产模式都显著促进了土地生产率提高，表明 MESR 模型估计结果具有一定的稳健性。但是，通过 MVTE 模型获得的 ATT 估计量比 MESR 模型的估计值更大。而这种数值上的不一致主要是由于 MVTE 模型无法控制不可观测因素（Ma 等，2018）①，进而高估了不同的农业机械化模式对土地生产率的 ATT。

表 8 -5　农业机械化模式对土地生产率影响的 ATT 估计：基于 MVTE 模型

结果变量	农业机械化模式	ATT	标准误	z 值
土地生产率	半机械化生产	0.647 ***	0.057	11.36
	全机械化生产	0.958 ***	0.096	9.93

注：①＊＊＊表示在1%水平下显著；②土地生产率的单位是1000 元/亩；③MVTE 模型 ATT 估计采用 IPWRA 估计量进行计算，IPWRA 为一个双稳健估计量，相对于传统估计量具有估计效率优势。

8.6　不同规模下农业机械化模式对土地生产率的影响

分析土地规模—生产率关系，并考察不同规模下农业机械化模式对土地生产率的影响，需要首先合理划分农户的土地经营规模。为了避免人为划分土地规模带来的主观偏误，本书继续采用门槛效应模型（Threshold Regression Model），寻找样本数据结构内生的土地规模的门槛值，并依据门槛值划分为不同的土地经营规模。采用自抽样 300 次获得的 F 检验统计量表明样本中农户土地经营规模存在双重门槛（见表 8 -6），其门槛值分别为 5.00 亩和 7.50 亩。

本节依据门槛值将农户的土地经营规模划分为大规模、中规模和小规模三个组别②，并利用描述性统计图表分析农业机械化模式对土地生产率的影响

① 例如农民的初始能力和其农业机械化动机。

② 其中大规模、中规模和小规模的区间分别为：（7.50，50.00］、（5.00，7.50］和［0.01，5.00］，其对应的样本数分别为 1571、722 和 4154。

表 8 -6　土地规模的门槛效果检验

模型	F 值	P 值	Bootstrap 次数	临界值		
				1%	5%	10%
单一门槛	5.235 ***	0.000	300	7.806	4.327	3.473
双重门槛	1.944 *	0.067	300	5.488	2.289	3.086
三重门槛	1.276	0.297	300	6.564	3.597	2.083

注：*** 和 * 分别表示在 1% 和 10% 的水平下显著。

(见图 8 -3)。结果表明，在不同的农业机械化模式下规模—土地生产率的关系并不一致。在无机械化生产模式和半机械化生产模式下，规模—土地生产率的关系呈现“倒 U”型，而在全机械化生产模式下呈现单一的负相关关系。但这一分析并未控制其他混杂因素（Confounding Factors）的影响。接下来，针对不同的土地经营规模，分别采用 MESR 模型估计农业机械化模式选择对土地生产率的平均处理效应。

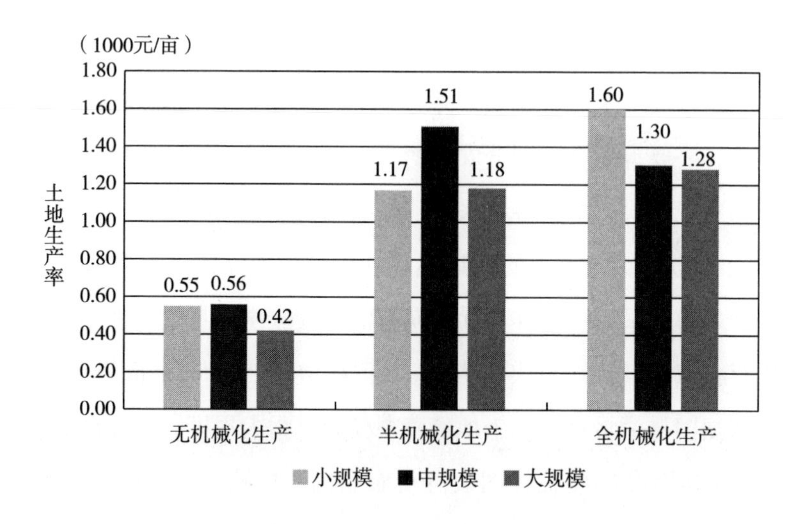

图 8 -3　不同土地经营规模与不同机械化模式下平均土地生产率

表 8 -7 中的分组分析结果表明，在大规模、中规模、小规模三个组中采

用半机械化生产和全机械化生产模式都可以显著促进土地生产率提高。具体地，第一，在采用半机械化生产模式的农户中，土地经营规模与土地生产率存在明显的倒“U”型关系。农户土地经营面积从小规模增长到中规模，其土地生产率从 1169 元/亩增长到 1510 元/亩，而从中规模增加到大规模，土地生产率却下降到了 1179 元/亩。第二，在采用全机械化生产模式的农户中，土地经营规模与土地生产率存在明显的逆向相关关系。小规模、中规模和大规模下农户的土地生产率分别为 1602 元/亩、1305 元/亩和 1283 元/亩。第三，半机械化生产模式在中规模土地上对土地生产率的提升幅度最为明显，而全机械化生产模式对土地生产率的提升幅度在小规模经营农户中更高。

表 8－7 不同规模下农业机械化模式对土地生产率的影响：基于 MESR 模型

农业机械化模式	土地规模	平均土地生产率		ATT	t 值
		采用该模式	未采用该模式		
半机械化生产	小规模	1.169（0.015）	0.840（0.013）	0.329（0.016）***	21.133
	中规模	1.510（0.058）	0.695（0.024）	0.815（0.051）***	15.903
	大规模	1.179（0.020）	0.588（0.015）	0.591（0.019）***	30.742
全机械化生产	小规模	1.602（0.039）	0.802（0.021）	0.800（0.035）***	22.677
	中规模	1.305（0.069）	0.681（0.031）	0.624（0.071）***	8.778
	大规模	1.283（0.025）	0.636（0.017）	0.647（0.021）***	31.076

注：①括号中为标准误；②*** 表示在 1% 的水平下显著；③土地生产率的单位是 1000 元/亩。

8.7 进一步分析：不同方式的机械化

以农机服务为代表的农业社会化服务是促进小农户与现代农业有机衔接的重要抓手。一些学者甚至认为以农机服务为代表的社会化服务将是小农户实现规模化与现代化生产的关键（罗必良，2017；钟真，2019；钟真等，2020）。在前文中，验证了机械化程度越高，土地生产率也越高，应积极推动机械化发展。然而在保证土地生产率基础上，应以何种方式提高机械化程度？当前除了未采用机械的传统生产模式，机械化主要有自购农机、服务外包以及两者的混合叠加三种方式，反映了不同的农户家庭禀赋与外部制度安排。此外，服务外包过程中还存在农机手的机会主义和中介代理的交易成本（杨印生和郭鸿鹏，2004；蔡键和刘文勇，2019），特别是在农业单部门模型中可能并不利于生产效率提高。对此，本章接下来进一步对比分析不同类型机械化的生产率差异。

8.7.1 模型与数据

由于机械化方式的离散多元，本节同样选择多元内生转换回归（MESR）模型，模型设定与方程（8－1）至方程（8－7）一致。需要说明的是，本节的处理变量为离散的机械化方式，包括传统（未采用农机）、自购（自购自用）、外包（机械服务外包）、混合（自购与外包混合）四种选择。根据研究目的和模型设定，本节的结果变量为粮食产出，具体从两个方面加以分析：第一，考察农户平均土地生产率水平，采用亩均产值指标对水稻、小麦与玉米三种粮食作物进行加总平均处理；第二，分别以三种粮食作物的亩均产量作为农户—作物水平的土地生产率指标进行分析。采用农户平均土地生产率与农户—作物土地生产率，一方面可以从农户家庭多作物生产角度实际考察总量水平，另一方面可以控制不同粮食作物之间的生产差异，从稳健性和异质性分析角度深入分析。不同作物由于生产环节复杂度差异，也会造成机械化模式的选择差异。如谢琳等（2017）研究发现，农机服务和农户自购农机的关系，在种植不同作物时呈现显著的差异，在水稻生产中农机服务与农户自购农机是互补关系，而在小麦生产过程中农机服务与农户自购农机是显著的替代关系。其中控制变量包括农户家庭特征：户主的性别、年龄、受教育程度以及家庭农业劳动力等变量；农户农业生产条件：耕地规模、土地确权、补贴等变量。选择户主

父母是否住在同一个村作为农户机械化类型选择的工具变量（Instrument Variable，IV），这是由于户主父母在同一个村子里可以对农户进行农业帮工代收等工作，影响农户自购农机或购买服务，但户主父母在同一村子一般不直接影响农户的粮食产出。此外，通过 Person 相关系数检验和简单证伪检验（Falsification Test）进一步验证了该工具变量的有效性。

由于 CLDS 数据库只搜集了农户的三种机械化程度，并未包含机械化的实现方式，本节在对比多个大型数据库问题与变量设置后，选择基于中国家庭金融调查（China Household Finance Survey，CHFS）数据集进行分析。由于与 CLDS 数据库存在问卷设计与抽样方案的差异，本节控制变量选择与前文并不完全一致。CHFS 抽样包含三个步骤：第一，将我国所有的县级单位按照人均 GDP 水平划分为 10 个等级，然后分层进行随机抽取；第二，在抽中的县中对村/社区进一步进行随机抽样；第三，从村/社区内随机抽取一部分家庭进行入户调查。例如，CHFS2015 数据从全国 29 个省份（不包含新疆、西藏和港澳台地区）的 353 个县区 1373 村/社区中共计调查了 37341 个家庭，其中农户数量为 11635 户，收集了关于家庭收入、资产负债以及农业生产等方面的详细信息。CHFS 数据调查始于 2011 年，迄今先后公开 2013 年、2015 年和 2017 年数据，由于历年数据集仅 2015 年数据包含较全面的农业生产信息（例如投入、产出和机械化使用情况等），本书基于 2015 年 CHFS 数据中的农户样本进行实证分析。同时，对数据中存在的缺失值样本作删除处理，并对样本数据进行缩尾处理来控制极端值的影响，最终共获取 5670 个农户样本。相关描述性统计如表 8-8 所示，均值差异比较见附表 2。

表 8-8　变量定义及其描述性统计

变量	定义	样本量	均值（方差）
土地生产率	亩均粮食总产值（千元/亩）	5670	1.128（0.730）
传统	未采用农机 =1；其他 =0	5670	0.274（0.446）

续表

变量	定义	样本量	均值（方差）
自购	自购农机自用 = 1；其他 = 0	5670	0.231（0.422）
外包	农机服务外包 = 1；其他 = 0	5670	0.347（0.476）
混合	自购 + 外包 = 1；其他 = 0	5670	0.148（0.355）
年龄	户主年龄（岁）	5670	54.642（11.081）
性别	男性 = 1；女性 = 0	5670	0.902（0.297）
受教育程度	没上过学 = 1；小学 = 2；初中 = 3；高中 = 4；中专/职高 = 5；大专/高职 = 6；大学本科 = 7；硕士研究生 = 8；博士研究生 = 9	5670	2.632（0.974）
家庭规模	家庭人口数（人）	5670	2.791（1.740）
信贷	赊销或借款采购农资品 = 1；其他 = 0	5670	0.287（0.452）
汽车	家庭拥有汽车 = 1；其他 = 0	5670	0.148（0.355）
村干部	家庭成员有村干部 = 1；其他 = 0	5670	0.050（0.217）
耕地规模	耕地面积（亩）	5670	10.239（53.926）
土地确权	确权 = 1；其他 = 0	5670	0.443（0.497）
农业补贴	获得农业补贴 = 1；其他 = 0	5670	0.781（0.413）
东部地区	东部 = 1；其他 = 0	5670	0.317（0.465）
中部地区	中部 = 1；其他 = 0	5670	0.369（0.482）
西部地区	西部 = 1；其他 = 0	5670	0.315（0.464）

8.7.2 结果与讨论

由于 MESR 模型是一个两阶段估计框架，为集中讨论核心结果，对第一阶段的机械化类型多元选择方程结果不作汇报，相关系数估计与边际效用估计结果见附表 3 和附表 4。MESR 第二阶段对不同机械化类型的产出影响估计结果如表 8 -9 所示。根据表 8 -9 可知，相对于未采用农机的传统生产类型，自购农机农户可以显著促进粮食产出的增长，平均可以增长 8.34%。而相对传统生产方式，服务外包在 1% 统计水平显著降低了粮食产出，其下降比率约为

7.81%。混合使用自购与外包两种方式，则与传统生产相比未表现出明显的产出差异。进一步对三种方式进行一一对比，可以发现自购方式下粮食产出最高，而完全依赖于服务外包的产出最低，混合方式下产出水平则居中。以上结果初步验证了农业机械化服务外包过程中的代理人问题（杨印生和郭鸿鹏，2004；蔡键和刘文勇，2019）。由于农机服务作业市场一般缺乏正式的契约关系，小农户采用社会化服务虽然维系了农业机械的“假不可分性”，但使“代理人问题”和事后监督和处理纠纷等交易费用凸显和产生（蔡昉和王美艳，2016）。特别是以跨区作业为主体之一的农机服务，面临更严重信息滞后、时效性差、服务碎片化、区域差异化等问题，社会化服务对生产率的影响方向并不会保持一致。在市场经济较为发达的东部地区，农户与服务提供商更有可能订立较为正式的契约关系，缓解“代理人”问题，其效率相对市场不完善地区预期更高。这一点在武舜臣等（2021）的研究中也被验证，他们基于CLDS2014 和 CLDS2016 混合截面数据发现，农户采用农机服务程度越高，对生产率的负向影响越大。

表 8-9　不同机械化方式对土地生产率的影响：基于 MESR 模型

机械化模式	ATT	t 值	变动率
自购 vs. 传统	0.093（0.007）***	14.200	8.34%
外包 vs. 传统	-0.091（0.006）***	-15.650	-7.81%
混合 vs. 传统	0.001（0.007）	0.2000	0.08%

注：①括号中为标准误；②*** 表示在 1% 的水平下显著；③土地生产率的单位是 1000 元/亩。

进一步将粮食分为水稻、小麦与玉米三大主粮作物分别进行 MESR 估计，结果如表 8-10 所示。根据表 8-10 可知，小麦与玉米产出的估计结果与粮食总产出的估计结果保持一致，而水稻则存在明显差异。在水稻生产中，相对传统人工生产方式，自购农机将降低 2.27% 的水稻产出，而采用外包和混合方式都可以显著提高水稻产出，其中外包方式的效率最高。在小麦和玉米生产中，相对传统方式，自购方式分别可以提高 12.07% 和 15.17% 的产出，外包与混合方式下的产出相对自购方式低了 2% ~10%。

表 8 -10　不同作物机械化方式对土地生产率的影响：基于 MESR 模型

机械化模式	水稻		小麦		玉米	
	ATT	变动率	ATT	变动率	ATT	变动率
自购 vs 传统	-6.055 (2.046)***	-2.27%	19.503 (4.179)***	12.07%	35.453 (1.808)***	15.17%
外包 vs 传统	12.167 (0.785)***	4.65%	17.953 (2.045)***	10.31%	9.642 (1.675)***	4.09%
混合 vs 传统	8.059 (2.485)***	2.87%	12.754 (1.246)***	7.33%	21.362 (2.139)***	8.56%

注：①括号中为标准误；②***表示在 1% 的水平下显著；③土地生产率单位是千克/亩。

需要指出的是，本节还采用了 Tobit 模型作为基准回归进行对比，结果（见附表 5）与上文对土地生产率的影响估计结果一致，各种机械化类型都显著促进了粮食产出增长。在结果的稳健性方面，参考相关文献（李宁等，2019），本节根据土地确权与否分别进行 MESR 分析，同时还采用不使用工具变量的双稳健（Double Robust）IPWRA 估计量重新估计机械化方式对粮食产出的影响，以上结果基本与主分析保持一致（结果分别见附表 6 和附表 7）。

以上结果说明，虽然提高机械化程度可以促进生产率增长，但进一步对机械化方式细分后发现，不同的机械化方式对产出的影响存在较大差异。在加总粮食产出层面，自购农机实现的机械化效率最高，而外包方式与传统人工生产方式几乎没有差别。针对作物类型的异质性分析发现，在水稻生产中更适合采用服务外包方式，其效率提升最高，而小麦和玉米采用自购方式下的产出最大。

8.8　本章小结

本章基于具有全国代表性的中国劳动力动态调查数据集和中国家庭金融调查数据集，采用多元内生转换回归（MESR）模型来控制农户在农业机械使用过程中的选择性偏误，实证检验了不同农业机械化模式选择对土地生产率的影响。此外，本章还检验了不同农业机械化模式对“规模—土地生产率”关系的影响与不同方式的机械化对粮食产出的影响。具体结论如下：

第一，在不同的农业机械化模式下，土地生产率的影响因素存在差异。在无机械化生产模式下，男性户主、农户规模、土地灌溉率、农业补贴和农机服务是驱动土地生产率增长的关键因素；在半机械化生产模式下，土地确权证书显著增加了土地生产率；在全机械化生产模式下，改善土地灌溉条件，提高土地灌溉率是驱动土地生产率增长的关键。

第二，在同时控制了由可观测因素和不可观测因素带来的选择性偏误的基础上，发现农业机械化可以显著地促进土地生产率提高。具体而言，采用半机械化生产模式和全机械化生产模式分别可以促进土地生产率提高 459 元/亩和 637 元/亩。相对于采用半机械化生产模式而言，采用全机械化生产模式可以使农户受益更多。在控制了地区差异进行分组回归和替换估计方法后，农业机械化生产模式对土地生产率的效应仍是稳健的。

第三，在大规模、中规模、小规模三个组中，采用半机械化生产和全机械化生产模式都可以显著促进土地生产率提高。“规模—土地生产率”关系在不同的农业机械化生产模式下表现不一致。在采用半机械化生产模式的农户中，土地经营规模与土地生产率存在明显的“倒 U”型关系；而在采用全机械化生产模式的农户中，土地经营规模与土地生产率存在明显的逆向相关关系。

第四，不同方式的机械化对土地生产率存在显著差异。在农户平均土地生产率层面，自购农机实现的机械化效率最高，而外包方式与传统人工生产方式几乎没有差别。针对不同作物类型的异质性分析发现，在水稻生产中更适合采用服务外包方式，其效率提升最大，而小麦和玉米采用自购方式下的土地生产率最高。

综上所述，本章的结论不仅对于厘清农业机械使用对种植业产出的综合影响具有重要的政策含义，还对传统的“规模—土地生产率”研究议题提供了新的研究视角。

第9章　研究结论与政策建议

9.1　主要研究结论

本书基于宏观和微观的双重视角，首先，系统地考察了1978～2017年中国农业机械化进程的历史变迁和相关基本事实，并对比分析农业机械化和农业投入及产出的变动趋势；其次，本书对农户农业机械使用行为进行了探讨；最后，实证评估农业机械化对农业劳动力投入、农药投入的节约效应，以及对玉米产量和种植业土地生产率的产出效应。主要研究结论如下：

（1）中国农业机械化发展当前已进入结构调整、质量导向的新时期。

第一，中国农业机械化经历了由数量向质量的转变。其中，伴随着农机构成结构由小型拖拉机及其配套农机具为主体，向以大中型拖拉机及其配套农机具为主体的转变，农业机械总动力先增后减，并在2014年以后随着新型农业经营主体发展、农业结构性改革而进入新的发展阶段。第二，中国农业机械化经历了1978～1993年的初步发展期、1994～2003年的平稳增长期和2004～2017年的结构调整期，在不同阶段，农业机械化的发展特征各异。在1978～

1993 年的初步发展期，农业机械总动力持续增长，但增速不断下降；在 1994～2003 年的平稳增长期，农机作业服务发展壮大；在 2004～2017 年的结构调整期，农业机械化发展突出发展质量。

（2）我国种植业生产中仍以无机械化生产的传统农业生产模式为主。购买农机服务和自购农机是农户使用农机的两大主要来源。农户农业机械使用行为和对农机来源的选择行为受到多种因素调节。

第一，平均约有 61.5% 的农户在家庭种植业生产中未使用农业机械。第二，农机服务和自购农机共同供给了农户 78.7% 的使用机械来源。第三，针对农户对不同农业机械化模式采用行为的影响因素分析结果表明，农户户主年龄、农户规模、耕地规模、土地确权证书、土地灌溉率和农业机械化服务都是影响农户选择半机械化生产和全机械化生产模式决策的重要因素。第四，农户户主性别、耕地规模、土地确权证书显著正向影响农户选择自购农机方式，户主年龄、教育、非农就业、土地灌溉率和农机服务变量负向影响农户选择自购农机行为。第五，农户购买农机服务与户主年龄、教育、信贷获取和农机服务存在显著的正相关关系，户主性别、耕地规模则对农户购农机服务具有显著的负向影响。

（3）农业机械投入增长可以显著节约农业劳动力投入，在劳动力不断非农转移背景下有利于保障我国粮食安全。

第一，在其他条件不变的情况下，每增加 1% 的农业机械投入，将促使农业劳动力占总劳动力比例显著下降 0.05 个百分点；第二，在递归混合过程模型估计中发现，农地面积每增加 1%，农业机械投入将会增长 0.39%；第三，种植结构也是影响农业机械化的关键因素，增加小麦种植比例将显著提高农业机械投入水平。

（4）农业机械化有利于提高农药施用效率，节约农药投入，降低农业生产成本。农业机械技术是一种能够节约农药投入的环境友好型技术，并促进农业绿色可持续发展。

第一，农业机械使用与农药投入存在显著的负向关系。针对使用农业机械的农户，使用农业机械喷施农药可以降低58.63%的农药投入；针对未使用农业机械的农户，使用农业机械喷施农药可以降低33.42%的农药投入。第二，将农药投入细分为草药和虫药，农业机械使用与两种农药投入的关系仍是负向显著的。第三，相对于草药投入，农业机械使用对于虫药投入的节约效应更为显著。第四，改善交通条件、增加农技服务，可以显著促进农户在农药投入环节农业机械的使用。

（5）农业机械使用对粮食产出存在显著的促进效应，但对不同农户的粮食产量影响存在异质性。此外，耕地规模扩大有利于提高农业机械使用的产出效应。农业机械使用显著降低了农户间粮食产量不平等和产量波动。

第一，农业机械化与玉米产量存在显著的正相关关系，通过OLS估计的结果发现农业机械化可以促进农户玉米平均产量提高14%。第二，农业机械化对玉米产量的影响存在异质性。农业机械使用在第20分位点和第50分位点可以分别显著增加12%和4%的玉米产出。相对高生产率农户使用农业机械，低生产率农户使用农业机械可以获得更多的报酬。第三，农业机械使用显著降低了玉米产量Gini系数和产量方差，其对玉米产量Gini系数和方差的影响效应系数分别为-0.007和-0.037。第四，农户在玉米生产耕地环节使用农业机械受到农技服务、交通条件改善的推动。接受农技服务和交通条件改善将分别促进农户在耕地环节使用农业机械的概率增加12.1%和9%。

（6）无论是采用半机械化生产还是全机械化生产模式，都可以显著促进土地生产率提高，但随着机械化程度提高，土地生产率随之增长。自购农机对粮食产出的提升效率最高，但不同作物存在差异。此外，拥有土地确权证、提高土地灌溉率和增加农业补贴也是促进土地生产率提高的重要抓手。

第一，农户采用半机械化生产和全机械化生产模式分别可以促进土地生产率提高459元/亩和637元/亩，机械化程度越高，土地生产率增长收益越大。第二，不同机械化模式下土地规模与生产率的关系存在异质性，在采用半机械化生产模式的农户中，土地经营规模与土地生产率存在“倒U”型关系；而在采用全机械化生产模式的农户中，土地经营规模与土地生产率存在明显的逆向相关关系。第三，自购农机对粮食产出的提升效率最高，而外包方式与传统人工生产方式几乎没有差别；第四，农户平均而言，采用自购农机方式生产率最高，不同作物的不同机械化方式收益存在明显差异。其中采用外包方式的水稻土地生产率最高，而采用自购方式的小麦和玉米土地生产率最高。

9.2 政策建议

本书的政策建议为，提高我国农业机械化水平和发展质量在于优化农业机械动力、增加农业机械购置补贴、促进农业机械作业服务发展。此外，积极推动农户农业机械技术采纳是促进农业生产节本增效，实现农业可持续发展的重要途径。

第一，推动农业机械化改革，提升农业机械化发展质量。农业机械化面临的主要问题是农业机械化发展的不平衡、不充分，特别是针对不同作物和不同生产环节农业机械化缺乏、农业机械与农艺无法良好协作配合、能满足农机作业基本条件的基础设施匮乏等方面。因此，以加强农业机械有效供给为引领，将是新时期满足农机需求的主要手段。具体而言：首先，需要加大对农业机械科技研发投入，增强农机科技创新创造能力。研发具有大马力、针对性并能融合农机农艺的新型农业机械。推动紧密结合农业科研院所产学研能力，确保企业、科研院所研发和成果转化效率，将推出的创新型技术转化成生产力。其次，夯实农业机械产品有效供给。当前农业机械面临小型拖拉机饱和下降，大中型拖拉机增速放缓，农业机械结构与农业生产现实还存在不匹配、不适应问题。因此淘汰农机领域落后产能，有针对性地促进传统、大宗、低端产品升

级，同时需要在一些重点领域重点环节做到农机全覆盖甚至做到“优质农机”全覆盖。最后，促进农业机械与农艺协同发展。从农产品品种选育到农作物栽培方式方法以及农产品后期加工等各环节上增加与农业机械的结合度，使农机嵌入农业生产的各个层次与环节，促进农业机械技术与农艺相融合。打造全程机械化技术体系，促进农业生产的各环节全程机械化。

第二，大力推动农业机械作业服务发展，扩大农机社会化服务市场规模。农机服务是当前农户使用农业机械的主要来源。发展农业机械化服务市场，不仅有助于促进农机使用效率提升，而且有助于资金约束下的小农户应用农机技术提升农业生产效率。农户私人投资仍是农业机械投资的主要部分，合理安排农业机械购置补贴，引导农户农机结构优化，适用小农户生产条件。具体而言，一是要培育并壮大农机专业户等新型农机社会化服务主体，推动跨区作业等多种形式的农机服务发展，提升农机使用效率。针对我国小农户生产的现实，农机社会化服务有利于实现农业机械服务的规模效应、提升农机使用效率，也有助于弥补当地农机存量和结构的不足。二是要提高农业机械购置补贴，促进农户购买农业机械，增加农机作业服务市场供给。农户私人投资仍是农业机械投资的主要部分，提高并合理安排农业机械购置补贴，有助于引导农机作业服务结构优化，适应小农户生产条件。

第三，提升农业生产基础设施建设，改善农业机械作业环境。需要加强基础设施建设，为农机作业创造便利的场地和交通条件。由于各种原因我国农田相对细碎、交通设施落后，阻碍农业机械直达田间，对此推动高标准大规模农田建设、提高交通基础设施投资，将有利于农户农机使用和机械化生产。

第四，推动农户采用农业机械化生产，发挥农业机械节本增效作用。首先，因地制宜开展土地流转，促进农户土地规模经营。根据当地实际合理确定整地补偿标准、土地市场价格、土地溢价、流转土地最低保护价格等政府定价与市场指导价格体系，促进土地流转过程中合理价格水平，促进相关主体的收入和福利改善。其次，促进农技服务入户进田。因地制宜，健全优化农业技术推广体系，发展或引进适宜当地生产条件的技术。积极推广先进农业生产技术，提升农户采纳意愿。最后，关注农户差异，相关支持政策向低产小农户倾斜。针对不同类型农户，推动其实现符合自身效益的机械化方式，增加针对小农户的生产补贴，降低其采纳新技术的门槛和要求，促进农业生产均衡发展。

9.3 研究展望

本书在对我国1978～2017年农业机械化发展和农业生产增长趋势分析的基础上，考察了农户对农业机械的使用行为和农业机械带来的生产效应。其中，重点控制了农业机械在应用过程中农户自选择带来的内生性问题。但限于研究主题和相关数据的可得性，本书仍存在以下不足：

第一，由于当前农户的分化以及新型农业经营主体的快速发展（钟真，2018；陈晓华，2014），本书尚未考察农业机械化对不同经营主体生产和福利效应的异质性。一方面，由于小农户仍然是当前我国和多数发展中国家农业生产中的主流，考察小农户具有更广泛的社会和经济现实基础；另一方面，新型经营主体已经脱离传统农业生产主体，伴随着其农业生产组织化，更接近农业企业的概念。当前快速发展的新型农业经营主体对农业生产、粮食安全的影响不言而喻，深入考察农业机械化对其的影响是未来研究的重要方向。

第二，本书对农业机械化在宏观经济和微观农户层面的影响进行了系统性考察，但由于不同作物和不同地理类型的差异化特征，还需要进一步分析农业机械化在不同地理条件下和不同作物生产中的影响差异，并进行合理对比，为因地制宜、发展适宜当地生产条件的农业机械化提供理论借鉴。

第三，本书对农业机械化的影响研究并未区分不同类型农户群体。随着农村青壮年和男性劳动力不断转移，农村出现了女性化和老龄化趋势（de Brauw

等，2013；王善高和田旭，2018）。女性劳动力和老龄劳动力对农业机械化的要求以及农业机械化对其生产的影响与男性青壮年劳动力存在较大差异（Fischer等，2018；Yishay等，2019；Joshi等，2019），这一点限于数据可得性与研究设计，在本书中并未被深入考察。

第四，本书尚未分析农业机械化对农户收入差距的影响。新型农业经营主体的崛起和传统农户内部分化，引致农户对农业机械化需求呈现出异质性，且这种异质性在不同的主体之间不是均质的，而且不可调和（周娟，2017）。在农户分化背景下，农户收入差距不断扩大、返贫风险不断增加。农业机械化是促进农户增收和实现农业现代化的主要手段，但对分化农户的收入效应存在显著异质性，并不可避免地影响着农户收入差距。分析农业机械化带来的收入差距影响，对促进农户共同富裕具有一定的理论意义和现实价值。

基于以上研究不足，未来研究方向可以从以下角度出发，考察农业机械化服务和农机购买两种农业机械化方式带来的异质性影响，针对不同类型的农业经营主体，考察农业机械化对其影响的效应差异，并寻找背后的机理。具体研究方向如下：

第一，针对不同类型的农业经营主体特别是新型家庭农场、企业、生产大户和合作社等农业机械化现状及事实进行深入考察分析，揭示农业机械化对新型农业经营主体培育的影响。比较分析农业机械化在不同农业经营主体生产过程中的作用方向和作用大小，以及对其收入、消费等福利指标的异质性影响。

第二，由于不同地理类型下对农业机械的适用程度各不一致，在农业机械化推广过程中是否会由于地形条件而存在农业机械化发展水平差距？此外，不同作物的生产属性也同样要求更具有专业性的农业机械，特别是在我国农业当前面临三大历史性变迁的窗口，专业性农机的发展是否具有现实基础？

第三，伴随着农村劳动力的女性化和老龄化，传统依赖于男性劳动力的农业机械化生产是否开始出现内生性结构变化？例如，适用于女性劳动力和老龄劳动力的机械化技术是否出现并得到快速发展？农业机械化对农业生产中的女性劳动力是否有赋权效应？是否提高了女性外出就业、家庭地位和整体家庭福利？

第四，伴随着新型农业经营主体的崛起，农户日渐分化，这一转型期的农业机械化是否能够兼具公平与效率？在保障粮食安全的基础上，能否缩小农户收入差距？此外，农业机械化作为促进城乡协调发展的重要中介变量和促进经济结构转型的关键诱因之一，其对城乡收入差距影响如何？

参考文献

［1］ Agyire－Tettey, F. C. G. Ackah and D. Asuman. An Unconditional Quantile Regression Based Decomposition of Spatial Welfare Inequalities in Ghana［J］. The Journal of Development Studies, 2018, 54 (3): 537－556.

［2］ Aker, J. C. and C. Ksoll. Can Mobile Phones Improve Agricultural Outcomes? Evidence from a Randomized Experiment in Niger［J］. Food Policy, 2016 (60): 44－51.

［3］ Aryal, J. P. D. B., Rahut S. Maharjan and O. Erenstein. Understanding Factors Associated with Agricultural Mechanization: A Bangladesh Case［J］. World Development Perspectives, 2019, 13 (2): 1－9.

［4］ Barnum, H. N., Squire, L. An Econometric Application of the Theory of the Farm－Household［J］. Journal of Development Economics, 1979 (1): 79－102.

［5］ Barrett, C. B., Carter, M. R. and Timmer, C. P. A Century－Long Perspective on Agricultural Developments［J］. American Journal of Agricultural Economics. 2010, 92 (2): 447－468.

［6］ Bellemare, M. F. C. B. Barrett and D. R. Just. The Welfare Impacts of Commodity Price Volatility: Evidence from Rural Ethiopia［J］. American Journal of Agricultural Economics, 2013, 95 (4): 877－899.

[7] Benin, S. Impact of Ghana's Agricultural Mechanization Services Center Program [J]. Agricultural Economics, 2015, 46 (S1): 103 - 117.

[8] Benin, S. M. Johnson E. Abokyi G. Ahorbo K. Jimah G. Nasser A. Tenga. Revisiting Agricultural Input and Farm Support Subsidies in Africa: The Case of Ghana's Mechanization, Fertilizer, Block Farms, and Marketing Programs [M]. FAO: Rome, 2013.

[9] Bigot, Y. and H. P. Binswanger. Agricultural Mechanization and the Evolution of Farming Systems in Sub - Saharan Africa [M]. Johns Hopkins University Press: Baltimore and London, 1987.

[10] Binswanger, H. P. Agricultural Mechanization: A Comparative Historical Perspective [J]. The World Bank Research Observer, 1986, 1 (1): 27 - 56.

[11] Bluhm, R. D. de Crombrugghe and A. Szirmai. Poverty Accounting [J]. European Economic Review, 2018 (104): 237 - 255.

[12] Bonanno, A. F. Bimbo R. Cleary and E. Castellari. Food Labels and Adult BMI in Italy—An Unconditional Quantile Regression Approach [J]. Food Policy, 2018, 74 (12): 199 - 211.

[13] Bourguignon, F. F. H. G. Ferreira and M. Walton. Equity, Efficiency and Inequality Traps: A Research Agenda [J]. The Journal of Economic Inequality, 2007, 5 (2): 235 - 256.

[14] Burbidge, J. B. L. Magee and A. L. Robb. Alternative Transformations to Handle Extreme Values of the Dependent Variable [J]. Journal of the American Statistical Association, 1988, 83 (401): 123 - 127.

[15] Chang, H. - H. Does the Use of Eco - labels Affect Income Distribution and Income Inequality of Aquaculture Producers in Taiwan? [J]. Ecological Economics, 2012 (80): 101 - 108.

[16] Chang, H. – H. and A. Mishra. Impact of off – farm Labor Supply on Food Expenditures of the Farm Household [J]. Food Policy, 2008, 33 (6): 657 – 664.

[17] Chaudhry, A. M. and E. B. Barbier. Water and Growth in an Agricultural Economy [J]. Agricultural Economics, 2013, 44 (2): 175 – 189.

[18] Chari, A., Liu, E. M., Wang, S. – Y., Wang, Y. Property Rights, Land Misallocation, and Agricultural Efficiency in China [J]. The Review of Economic Studies, 2021 (88): 1831 – 1862.

[19] Deb, P. and Trivedi P K. Specification and Simulated Likelihood Estimation of a Non – normal Treatment – outcome Model with Selection: Application to Health Care Utilization [J]. The Econometrics Journal, 2006, 9 (2): 307 – 331.

[20] Deininger, K. and S. Jin. Securing Property Rights in Transition: Lessons from Implementation of China's Rural land Contracting Law [J]. Journal of Economic Behavior and Organization, 2009, 70 (1 – 2): 22 – 38.

[21] Di Falco, S. and M. Veronesi. How Can African Agriculture Adapt to Climate Change? A Counterfactual Analysis from Ethiopia [J]. Land Economics, 2013, 89 (4): 743 – 766.

[22] Di Falco, Salvatore M. Veronesi and M. Yesuf. Does Adaptation to Climate Change Provide Food Security? A Micro – Perspective from Ethiopia [J]. American Journal of Agricultural Economics, 2011, 93 (3): 829 – 846.

[23] Diao, X. F. Cossar N. Houssou and S. Kolavalli. Mechanization in Ghana: Emerging Demand, and the Search for Alternative Supply Models [J]. Food Policy, 2014 (48): 168 – 181.

[24] Ellis F. Peasant Economics: Farm Households in Agrarian Development [M]. Cambridge: Cambridge University Press, 1993.

[25] Engel U. Survey Measurements: Techniques, Data Quality and Sources of Error [M]. Frankfure: Campus Verlag, 2015.

[26] Fan, S. and X. Zhang. Infrastructure and Regional Economic Development in Rural China [J]. China Economic Review, 2004, 15 (2): 203 - 214.

[27] FAO. Mechanization for Rural Development: A Review of Patterns and Progress [M]. Rome: Integrated Crop Management, 2013.

[28] Fernandez, M. A. and S. Bucaram. The Changing Face of Environmental Amenities: Heterogeneity Across Housing Submarkets and Time [J]. Land Use Policy, 2019 (83): 449 - 460.

[29] Ferraro, S. J. Meriküll and K. Staehr. Minimum Wages and the Wage Distribution in Estonia [J]. Applied Economics, 2018, 50 (49): 5253 - 5268.

[30] Firpo, S. N. M. Fortin and T. Lemieux. Unconditional Quantile Regressions [J]. Econometrica, 2009, 77 (3): 953 - 973.

[31] Fischer, G. S. Wittich G. Malima G. Sikumba B. Lukuyu D. Ngunga and J. Rugalabam. Gender and Mechanization: Exploring the Sustainability of Mechanized Forage Chopping in Tanzania [J]. Journal of Rural Studies, 2018 (64): 112 - 122.

[32] Foster, A. D. and M. R. Rosenzweig. Are Indian Farms Too Small? Mechanization, Agency Costs, and Farm Efficiency [J]. Mauscript Yale University, 2011 (2): 153 - 173.

[33] Hayami, Y. and Ruttan, V. W. Factor Prices and Technical Change in Agricultural Development: The United States and Japan, 1880 - 1960 [J]. Journal of Political Economy, 1970, 78 (5): 1115 - 1141.

[34] Heckman, J. J. Selection Bias and Self - Selection [J]. In Microeconometrics, 2010 (2): 242 - 266.

[35] Huang, J. and S. Rozelle. Market Development and Food Demand in Rural China [J]. China Economic Review, 1998, 9 (1): 25 - 45.

[36] Han, H. , Li, H. , Zhao, L. Determinants of Factor Misallocation in Agricultural Production and Implications for Agricultural Supply – side Reform in China [J] . China & World Economy, 2018, 26 (3): 22 –42.

[37] Ji, Y. X. Yu and F. Zhong. Machinery Investment Decision and Off – farm Employment in Rural China [J] . China Economic Review, 2012, 23 (1): 71 –80.

[38] Jin S. and Zhou F. Zero Growth of Chemical Fertilizer and Pesticide Use: China's Objectives, Progress and Challenges [J] . Journal of Resources and Ecology, 2018, 9 (1), 50 –58.

[39] Kagin, J. J. E. Taylor and A. Yúnez – Naude. Inverse Productivity or Inverse Efficiency? Evidence from Mexico [J] . The Journal of Development Studies, 2016, 52 (3): 396 –411.

[40] Kawagoe, T. Y. Hayami and V. W. Ruttan. The Intercountry Agricultural Production Function and Productivity Differences among Countries [J] . Journal of Development Economics, 1985, 19 (1 –2): 113 –132.

[41] Khonje, M. G. J. Manda P. Mkandawire A. H. Tufa and A. D. Alene. Adoption and Welfare Impacts of Multiple Agricultural Technologies: Evidence from Eastern Zambia [J] . Agricultural Economics, 2018, 49 (5): 599 –609.

[42] Komarek, A. M. J. Koo U. Wood – Sichra and L. You. Spatially – explicit Effects of Seed and Fertilizer Intensification for Maize in Tanzania [J] . Land Use Policy, 2018 (78): 158 –165.

[43] Kousar, R, Abdulai, A. Off – farm Work, Land Tenancy Contracts and Investment in Soil Conservation Measures in Rural Pakistan [J] . Australian Journal of Agricultural and Resource Economics, 2016 (2): 307 –325.

[44] Kumar, A. A. K. Mishra S. Saroj and P. K. Joshi. Impact of Traditional Versus Modern Dairy Value Chains on Food Security: Evidence from India's Dairy Sector [J] . Food Policy, 2019 (83): 260 –270.

[45] Lai, W. B. Roe and Y. Liu. Estimating the Effect of Land Fragmentation on Machinery Use and Crop Production [C] . 2015 Agricultural & Applied Economics Association and Western Agricultural Economics Association Annual Meeting, San Francisco, 2015 (7): 26 –28.

[46] Larsén, K. Effects of Machinery –sharing Arrangements on Farm Efficiency: Evidence from Sweden [J] . Agricultural Economics, 2010, 41 (5): 497 –506.

[47] Li, H. E. Y. Zeng and J. You. Mitigating Pesticide Pollution in China Requires Law Enforcement, Farmer Training, and Technological Innovation [J]. Environmental Toxicology and Chemistry, 2014, 33 (5): 963 –971.

[48] Li, J. D. Rodriguez and X. Tang. Effects of Land Lease Policy on Changes in Land Use, Mechanization and Agricultural Pollution [J] . Land Use Policy, 2017, 64 (1): 405 –413.

[49] Lin, J. Y. Prohibition of Factor Market Exchanges and Technological Choice in Chinese Agriculture [J] . The Journal of Development Studies, 1991, 27 (4): 1 –15.

[50] Lin, J. Y. Rural Reforms and Agricultural Growth in China [J] . The American Economic Review, 1992, 82 (1): 34 –51.

[51] Linden, A. S. D. Uysal A. Ryan and J. L. Adams. Estimating Causal Effects for Multivalued Treatments: A Comparison of Approaches [J] . Statistics in Medicine, 2016, 35 (4): 534 –552.

[52] Liu E. M. , HUANG J. K. Risk Preferences and Pesticide Use by Cotton Farmers in China [J] . Journal of Development Economics, 2013 (103): 202 –215.

[53] Liu, Y. and C. R. Shumway. Induced Innovation in U. S. Agriculture: Time –series, Direct Econometric, and Nonparametric Tests [J] . American Journal of Agricultural Economics, 2009, 91 (1): 224 –236.

[54] Lu, L. T. Reardon and D. Zilberman. Supply Chain Design and Adoption of Indivisible Technology [J]. American Journal of Agricultural Economics, 2016, 98 (5): 1419-1431.

[55] Ma, W. A. Abdulai and C. Ma. The Effects of Off-farm Work on Fertilizer and Pesticide Expenditures in China [J]. Review of Development Economics, 2018, 22 (2): 573-591.

[56] Ma, W. R. Q. Grafton and A. Renwick. Smartphone Use and Income Growth in Rural China: Empirical Results and Policy Implications [J]. Electronic Commerce Research, 2018 (2): 1-24.

[57] Ma, W. A. Renwick and K. Bicknell. Higher Intensity, Higher Profit? Empirical Evidence from Dairy Farming in New Zealand [J]. Journal of Agricultural Economics, 2018, 69 (3): 739-755.

[58] Ma, W. A. Renwick and Q. Grafton. Farm Machinery Use, Off-farm Employment and Farm Performance in China [J]. Australian Journal of Agricultural and Resource Economics, 2018, 62 (2): 279-298.

[59] Ma, W. A. Renwick P. Nie J. Tang and R. Cai. Off-farm Work, Smartphone Use and Household Income: Evidence from Rural China [J]. China Economic Review, 2018 (52): 80-94.

[60] Maddala, G. S. Limited-dependent and Qualitative Variables in Econometrics [M]. Cambridge: Cambridge University Press, 1986.

[61] McFadden, D. Conditional Logit Analysis of Qualitative Choice Behaviour [M]. New York: Academic Press New York, 1973.

[62] Mishra, A. K. and C. B. Moss. Modeling the Effect of Off-farm Income on Farmland Values: A Quantile Regression Approach [J]. Economic Modelling, 2013, 32 (1): 361-368.

[63] Mishra, A. K. K. A. Mottaleb and S. Mohanty. Impact of Off-farm

Income on Food Expenditures in Rural Bangladesh: An Uunconditional Quantile Regression Approach [J]. Agricultural Economics, 2015, 46 (2): 139-148.

[64] Mottaleb, Khondoker A. D. B. Rahut A. Ali B. Gérard and O. Erenstein. Enhancing Smallholder Access to Agricultural Machinery Services: Lessons from Bangladesh [J]. Journal of Development Studies, 2017, 53 (9): 1502-1517.

[65] Mottaleb, Khondoker Abdul T. J. Krupnik and O. Erenstein. Factors Associated with Small-scale Agricultural Machinery Adoption in Bangladesh: Census findings [J]. Journal of Rural Studies, 2016 (46): 155-168.

[66] Nguimkeu, P, Denteh, A, Tchernis, R. On the Estimation of Treatment Effects with Endogenous Misreporting [J]. Journal of Econometrics, 2019, 208 (2): 487-506.

[67] Newman, C. F. Tarp and K. van den Broeck. Property Rights and Productivity: The Case of Joint Land Titling in Vietnam [J]. Land Economics, 2015, 91 (1): 91-105.

[68] Pan, Y. S. C. Smith and M. Sulaiman. Agricultural Extension and Technology Adoption for Food Security: Evidence from Uganda [J]. American Journal of Agricultural Economics, 2018, 100 (4): 1012-1031.

[69] Papke, L. E. and J. M. Wooldridge. Panel Data Methods for Fractional Response Variables with an Application to Test Pass Rates [J]. Journal of Econometrics, 2008, 145 (1-2): 121-133.

[70] Paudel, G. P. D. B. KC D. B. Rahut S. E. Justice and A. J. McDonald. Scale-appropriate Mechanization Impacts on Productivity among Smallholders: Evidence from Rice Systems in the Mid-hills of Nepal [J]. Land Use Policy, 2019 (85): 104-113.

[71] Pingali, P. Chapter 54 Agricultural Mechanization: Adoption Patterns and Economic Impact [J] . Handbook of Agricultural Economics, 2007 (3): 2779 -2805.

[72] Prishchepov, A. V. E. Ponkina Z. Sun and D. Müller. Revealing the Determinants of Wheat Yields in the Siberian Breadbasket of Russia with Bayesian Networks [J] . Land Use Policy, 2019 (80): 21 -31.

[73] Qiao, F. Increasing Wage, Mechanization, and Agriculture Production in China [J] . China Economic Review, 2017 (46): 249 -260.

[74] Qin, Y. and X. Zhang. The Road to Specialization in Agricultural Production: Evidence from Rural China [J] . World Development, 2016 (77): 1 -16.

[75] Robert, A. Hoppe. Structure and Finances of U. S. Farms: Family Farm Report, 2014 Edition [R] . United States Department of Agriculture, Economic Information Bulletin Number 132, 2014.

[76] Roodman, D. Fitting Fully Observed Recursive Mixed - process Models with Cmp [J] . The Stata Journal, 2011, 11 (2): 159 -206.

[77] Sonoda, T. A System Comparison Approach to Distinguish Two Nonseparable and Nonnested Agricultural Household Models [J] . American Journal of Agricultural Economics, 2008, 90 (2): 509 -523.

[78] Schultz, T. W. Transforming Traditional Agriculture [M] . New Haven: Yale University Press, 1964.

[79] Sims, B. M. Hilmi J. Kienzle S. Agricultural Mechanization: A Key Input for Sub - Saharan African Smallholders [M] . Rome: Integrated Crop Management, 2016.

[80] The United States Department of Agriculture (USDA) . 2017 Census of Agriculture [R] . Washington D. C, 2019.

[81] Tan, S. , Heerink, N, Kruseman G. and Qu F. Do Fragmented Land-

holdings Have Higher Production Costs? Evidence from Rice Farmers in Northeastern Jiangxi Province, PR China [J]. China Economic Review, 2008, 19 (3): 347-358.

[82] Takeshima, H. Custom-hired Tractor Services and Returns to Scale in Smallholder Agriculture: A Production Function Approach [J]. Agricultural Economics, 2017, 48 (3): 363-372.

[83] Takeshima, H. Mechanize or Exit Farming? Multiple-treatment-effects Model and External Validity of Adoption Impacts of Mechanization among Nepalese Smallholders [J]. Review of Development Economics, 2018, 22 (4): 1620-1641.

[84] Takeshima, H. N. Houssou and X. Diao. Effects of Tractor Ownership on Returns-to-scale in Agriculture: Evidence from Maize in Ghana [J]. Food Policy, 2018 (77): 33-49.

[85] Takeshima, H. A. Nin-Pratt and X. Diao. Mechanization and Agricultural Technology Evolution, Agricultural Intensification in Sub-Saharan Africa: Typology of Agricultural Mechanization in Nigeria [J]. American Journal of Agricultural Economics, 2013, 95 (5): 1230-1236.

[86] Van den Berg M. M., Hengsdijk H., Wolf J., et al. The Impact of Increasing Farm Size and Mechanization on Rural Income and Rice Production in Zhejiang Province, China [J]. Agricultural Systems, 2007 (94): 841-850.

[87] Vigani, M. and J. Kathage. To Risk or Not to Risk? Risk Management and Farm Productivity [J]. American Journal of Agricultural Economics, 2019, 101 (5): 1-23.

[88] Wang, X. F. Yamauchi and J. Huang. Rising Wages, Mechanization, and the Substitution between Capital and Labor: Evidence from Small Scale Farm System in China [J]. Agricultural Economics, 2016, 47 (3): 309-317.

[89] Wang, X. F. Yamauchi J. Huang and S. Rozelle. What Constrains Mechanization in Chinese Agriculture? Role of Farm Size and Fragmentation [J]. China Economic Review, 2018 (2): 1-9.

[90] Wooldridge, J. M. Control Function Methods in Applied Econometrics [J]. Journal of Human Resources, 2015, 50 (2): 420-445.

[91] World Bank. World Bank Data [R]. Retrieved, 2019.

[92] Wossen, T., Abdoulaye, T., Alene A., et al. Estimating the Productivity Impacts of Technology Adoption in the Presence of Misclassification [J]. American Journal of Agricultural Economics, 2018, 101 (1): 1-16.

[93] Wossen, T. T. Abdoulaye A. Alene M. G. M. G. Haile S. Feleke A. Olanrewaju and V. Manyong. Impacts of Extension Access and Cooperative Membership on Technology Adoption and Household Welfare [J]. Journal of Rural Studies, 2017 (54): 223-233.

[94] Wu, Y., X. Xi, X. Tang, D. Luo, B. Gu, S. K. Lam, P. M. Vitousek and D. Chen. Policy Distortions, Farm Size, and the Overuse of Agricultural Chemicals in China [J]. Proceedings of the National Academy of Sciences, 2018, 115 (27): 7010-7015.

[95] Yamada, S. and V. W. Ruttan. International Comparisons of Productivity in Agriculture [M]. Chicago: University of Chicago Press, 1980.

[96] Yang, J. Z. Huang X. Zhang and T. Reardon. The Rapid Rise of Cross-Regional Agricultural Mechanization Services in China [J]. American Journal of Agricultural Economics, 2013, 95 (5): 1245-1251.

[97] Zhang, J. J. Wang and X. Zhou. Farm Machine Use and Pesticide Expenditure in Maize Production: Health and Environment Implications [J]. International Journal of Environmental Research and Public Health, 2019, 16 (10): 1808.

[98] Zhou, X. W. Ma and G. Li. Draft Animals, Farm Machines and Sustain-

able Agricultural Production: Insight from China [J]. Sustainability, 2018, 10 (9): 3015.

[99] 鲍洪杰，刘德光，陈岩. 农业机械化与农业经济增长关系的实证检验 [J]. 统计与决策，2012 (21): 139-141.

[100] 蔡昉，汪德文，都阳. 中国农村改革与变迁：30 年历程和经验分析 [M]. 上海：上海人民出版社，2008.

[101] 蔡昉，王美艳. 从穷人经济到规模经济——发展阶段变化对中国农业提出的挑战 [J]. 经济研究，2016，51 (5): 14-26.

[102] 蔡昉. 中国经济面临的转折及其对发展和改革的挑战 [J]. 中国社会科学，2007a (3): 4-12.

[103] 蔡昉. 中国劳动力市场发育与就业变化 [J]. 经济研究，2007b (7): 4-14+22.

[104] 蔡昉. 改革时期农业劳动力转移与重新配置 [J]. 中国农村经济，2017a (10): 2-12.

[105] 蔡昉. 农业劳动力转移潜力耗尽了吗? [J]. 中国农村经济，2018 (9): 2-13.

[106] 蔡昉. 中国经济改革效应分析——劳动力重新配置的视角 [J]. 经济研究，2017b，52 (7): 4-17.

[107] 蔡键. 风险偏好、外部信息失效与农药暴露行为 [J]. 中国人口·资源与环境，2014 (9): 135-140.

[108] 蔡键，邵爽，刘文勇. 土地流转与农业机械应用关系研究——基于河北、河南、山东三省的玉米机械化收割的分析 [J]. 上海经济研究，2016 (12): 89-96.

[109] 蔡键，唐忠. 华北平原农业机械化发展及其服务市场形成 [J]. 改革，2016 (10): 65-72.

[110] 蔡键，唐忠，朱勇. 要素相对价格、土地资源条件与农户农业机

械服务外包需求［J］．中国农村经济，2017（8）：18－28.

［111］蔡键，刘文勇．农业社会化服务与机会主义行为：以农机手作业服务为例［J］．改革，2019（3）：18－29.

［112］曹光乔，周力，易中懿，张宗毅，韩喜秋．农业机械购置补贴对农户购机行为的影响——基于江苏省水稻种植业的实证分析［J］．中国农村经济，2010（6）：38－48.

［113］曹阳，胡继亮．中国土地家庭承包制度下的农业机械化——基于中国17省（区、市）的调查数据［J］．中国农村经济，2010（10）：57－65＋76.

［114］陈宝峰，白人朴，刘广利．影响山西省农机化水平的多因素逐步回归分析［J］．中国农业大学学报，2005（4）：115－118.

［115］陈强．高级计量经济学及Stata应用（第二版）［M］．北京：高等教育出版社，2014.

［116］陈晓华．大力培育新型农业经营主体——在中国农业经济学会年会上的致辞［J］．农业经济问题，2014，35（1）：4－7.

［117］陈奕山．农时视角下乡村劳动力的劳动时间配置：农业生产和非农就业的关系分析［J］．中国人口科学，2019（2）：75－86＋127－128.

［118］陈义媛．中国农业机械化服务市场的兴起：内在机制及影响［J］．开放时代，2019（3）：169－185.

［119］方师乐，卫龙宝，伍骏骞．农业机械化的空间溢出效应及其分布规律——农机跨区服务的视角［J］．管理世界，2017（11）：65－78＋187－188.

［120］方师乐，卫龙宝，史新杰．中国特色的农业机械化路径研究——俱乐部理论的视角［J］．农业经济问题，2018（9）：55－65.

［121］高鸣，宋洪远．粮食生产技术效率的空间收敛及功能区差异——兼论技术扩散的空间涟漪效应［J］．管理世界，2014（7）：83－92.

［122］高杨，张笑，陆姣，吴蕾．家庭农场绿色防控技术采纳行为研究

[J]. 资源科学, 2017, 39 (5): 934-944.

[123] 盖庆恩, 程名望, 朱喜, 史清华. 土地流转能够影响农地资源配置效率吗? ——来自农村固定观察点的证据 [J]. 经济学 (季刊), 2020, 20 (5): 321-340.

[124] 盖庆恩, 朱喜, 程名望, 史清华. 土地资源配置不当与劳动生产率 [J]. 经济研究, 2017, 52 (5): 117-130.

[125] 呙小明, 张宗益, 康继军. 我国农业机械化进程中能源效率的影响因素研究 [J]. 软科学, 2012, 26 (3): 51-56.

[126] 郭姝宇, 杨印生. 我国农机化制度变迁与发展的协同性研究 [J]. 农机化研究, 2013, 35 (8): 1-6.

[127] 郝大明. 1978-2014 年中国劳动配置效应的分离与实证 [J]. 经济研究, 2015, 50 (7): 16-29.

[128] 何爱, 徐宗玲. 菲律宾农业发展中的诱致性技术变革偏向: 1970~2005 [J]. 中国农村经济, 2010 (2): 84-91.

[129] 何秀荣. 关于我国农业经营规模的思考 [J]. 农业经济问题, 2016, 37 (9): 4-15.

[130] 侯方安. 农业机械化推进机制的影响因素分析及政策启示——兼论耕地细碎化经营方式对农业机械化的影响 [J]. 中国农村观察, 2008 (5): 42-48.

[131] 胡景北. 农业劳动力转移的定量指标与标准数据计算方法 [J]. 经济评论, 2015 (2): 41-51.

[132] 胡景北. 农业劳动力转移和失业孰轻孰重: 中国和美国的比较研究 [J]. 学术月刊, 2015 (3): 83-91.

[133] 胡瑞法, 黄季焜. 农业生产投入要素结构变化与农业技术发展方向 [J]. 中国农村观察, 2001 (6): 9-16.

[134] 胡拥军. 农村劳动力流转、粮食商品化程度对粮食主产区农户的农机购置行为的影响分析——基于全国 587 户粮农数据 [J]. 当代经济管理,

2014，36（1）：35－40.

［135］黄季焜，陶然，徐志刚，等．制度变迁和可持续发展：30 年中国农业和农村发展［M］．上海：上海人民出版社，2008.

［136］黄玛兰，李晓云，游良志．农业机械与农业劳动力投入对粮食产出的影响及其替代弹性［J］．华中农业大学学报（社会科学版），2018（2）：37－45＋156.

［137］黄宗智，高原，彭玉生．没有无产化的资本化：中国的农业发展［J］．开放时代，2012（3）：10－30.

［138］黄宗智，彭玉生．三大历史性变迁的交汇与中国小规模农业的前景［J］．中国社会科学，2007（4）：74－88.

［139］纪月清，钟甫宁．农业经营户农机持有决策研究［J］．农业技术经济，2011（5）：20－24.

［140］纪月清，王亚楠，钟甫宁．我国农户农机需求及其结构研究——基于省级层面数据的探讨［J］．农业技术经济，2013（7）：19－26.

［141］江泽林．机械化在农业供给侧结构性改革中的作用［J］．农业经济问题，2018（3）：4－8.

［142］焦长权，董磊明．从“过密化”到“机械化”：中国农业机械化革命的历程、动力和影响（1980～2015 年）［J］．管理世界，2018，34（10）：173－190.

［143］孔祥智，周振，钟真．农业机械化：十年进展与发展方向［J］．科技促进发展，2014（6）：21－28.

［144］孔祥智，周振，路玉彬．我国农业机械化道路探索与政策建议［J］．经济纵横，2015（7）：65－72.

［145］孔祥智，张琛，张效榕．要素禀赋变化与农业资本有机构成提高——对 1978 年以来中国农业发展路径的解释［J］．管理世界，2018，34（10）：147－160.

［146］李谷成，李烨阳，周晓时. 农业机械化、劳动力转移与农民收入增长——孰因孰果？［J］. 中国农村经济，2018（11）：112 –127.

［147］李俊鹏，冯中朝，吴清华. 农业劳动力老龄化与中国粮食生产——基于劳动增强型生产函数分析［J］. 农业技术经济，2018（8）：26 –34.

［148］李宁，汪险生，王舒娟，李光泗. 自购还是外包：农地确权如何影响农户的农业机械化选择？［J］. 中国农村经济，2019（6）：54 –75.

［149］李琴，李大胜，陈风波. 地块特征对农业机械服务利用的影响分析——基于南方五省稻农的实证研究［J］. 农业经济问题，2017，38（7）：43 –52 +110 –111.

［150］李卫，薛彩霞，朱瑞祥，郭康权. 中国农机装备水平区域不平衡的测度与分析［J］. 经济地理，2014，34（7）：116 –122.

［151］李泽华，马旭，吴露露. 农业机械化与区域经济发展的协调性评价［J］. 华南农业大学学报（社会科学版），2013，12（2）：1 –10.

［152］李昭琰，乔方彬. 工资增长对机械化和农业生产的影响［J］. 农业技术经济，2019（2）：23 –32.

［153］李芝倩，刘洪. 中国29省农业要素生产率比较分析［J］. 江苏统计，2003（2）：32 –34.

［154］李昊，李世平，南灵，李晓庆. 中国农户环境友好型农药施用行为影响因素的Meta分析［J］. 资源科学，2018，40（1）：74 –88.

［155］林善浪，叶炜，张丽华. 农村劳动力转移有利于农业机械化发展吗——基于改进的超越对数成本函数的分析［J］. 农业技术经济，2017（7）：4 –17.

［156］林万龙，孙翠清. 农业机械私人投资的影响因素：基于省级层面数据的探讨［J］. 中国农村经济，2007（9）：25 –32.

［157］刘凤芹. 农业土地规模经营的条件与效果研究：以东北农村为例［J］. 管理世界，2006（9）：71 –79 +171 –172.

［158］刘同山．农业机械化、非农就业与农民的承包地退出意愿［J］．中国人口·资源与环境，2016（6）：62－68.

［159］刘玉梅，崔明秀，田志宏．农户对大型农机装备需求的决定因素分析［J］．农业经济问题，2009，31（11）：58－66.

［160］刘玉梅，田志宏．中国农机装备水平的决定因素研究［J］．农业技术经济，2008（6）：73－79.

［161］卢秉福，韩卫平，朱明．农业机械化发展水平评价方法比较［J］．农业工程学报，2015，31（16）：46－49.

［162］芦千文，吕之望，李军．为什么中国农户更愿意购买农机作业服务——基于对中日两国农户农机使用方式变迁的考察［J］．农业经济问题，2019（1）：113－124.

［163］罗必良．论服务规模经营——从纵向分工到横向分工及连片专业化［J］．中国农村经济，2017（11）：2－16.

［164］罗斯炫，何可，张俊飚．修路能否促进农业增长？——基于农机跨区作业视角的分析［J］．中国农村经济，2018（6）：67－83.

［165］吕炜，张晓颖，王伟同．农机具购置补贴、农业生产效率与农村劳动力转移［J］．中国农村经济，2015（8）：22－32.

［166］闵师，项诚，赵启然，等．中国主要农产品生产的机械劳动力替代弹性分析——基于不同弹性估计方法的比较研究［J］．农业技术经济，2018（4）：4－14.

［167］闵师，王晓兵，项诚，黄季焜．农村集体资产产权制度改革：进程、模式与挑战［J］．农业经济问题，2019（5）：19－29.

［168］莫志宏，沈蕾．全要素生产率单要素生产率与经济增长［J］．北京工业大学学报（社会科学版），2005（4）：29－32.

［169］彭继权，吴海涛．土地流转对农户农业机械使用的影响［J］．中国土地科学，2019，33（7）：73－80.

［170］潘彪，田志宏．购机补贴政策对中国农业机械使用效率的影响分析［J］．中国农村经济，2018（6）：21－37.

［171］彭代彦．农业机械化与粮食增产［J］．经济学家，2005（3）：50－54.

［172］全炯振．中国农业的增长路径：1952—2008 年［J］．农业经济问题，2010（9）：10－16.

［173］仇焕广，栾昊，李瑾，汪阳洁．风险规避对农户化肥过量施用行为的影响［J］．中国农村经济，2014（3）：85－96.

［174］曲朦，赵凯．不同土地转入情景下经营规模扩张对农户农业社会化服务投入行为的影响［J］．中国土地科学，2021，35（5）：37－45.

［175］苏卫良，刘承芳，张林秀．非农就业对农户家庭农业机械化服务影响研究［J］．农业技术经济，2016（10）：4－11.

［176］速水佑次郎，神门善久．农业经济论：新版［M］．北京：中国农业出版社，2003.

［177］谭崇台．发展经济学［M］．太原：山西经济出版社，2002.

［178］田甜，杨钢桥．农地整理对农户使用农业机械行为的影响——基于湖北省部分地区的农户调查［J］．华中农业大学学报（社会科学版），2013（2）：84－89.

［179］王波，李伟．我国农业机械化演进轨迹与或然走向［J］．改革，2012（5）：126－131.

［180］王常伟，顾海英．市场 VS 政府，什么力量影响了我国菜农农药用量的选择？［J］．管理世界，2013（11）：50－66＋187－188.

［181］王建华，马玉婷，李俏．农业生产者农药施用行为选择与农产品安全［J］．公共管理学报，2015，12（1）：117－126＋158.

［182］王建华，刘茁，李俏．农产品安全风险治理中政府行为选择及其路径优化——以农产品生产过程中的农药施用为例［J］．中国农村经济，

2015（11）：54－62＋76.

［183］王欧，唐轲，郑华懋．农业机械对劳动力替代强度和粮食产出的影响［J］．中国农村经济，2016（12）：46－59.

［184］武舜臣，宦梅丽，马婕．服务外包程度与粮食生产效率提升：农机作业外包更具优势吗？［J］．当代经济管理，2021，43（3）：49－56.

［185］王善高，田旭．农村劳动力老龄化对农业生产的影响研究——基于耕地地形的实证分析［J］．农业技术经济，2018（4）：15－26.

［186］王士海，王秀丽．农村土地承包经营权确权强化了农户的禀赋效应吗？——基于山东省117个县（市、区）农户的实证研究［J］．农业经济问题，2018（5）：92－102.

［187］王水连，辛贤．土地细碎化是否阻碍甘蔗种植机械化发展？［J］．中国农村经济，2017（2）：16－29.

［188］王新利，赵琨．黑龙江省农业机械化水平对农业经济增长的影响研究［J］．农业技术经济，2014（6）：31－37.

［189］王新志．自有还是雇佣农机服务：家庭农场的两难抉择解析——基于新兴古典经济学的视角［J］．理论学刊，2015（2）：56－62.

［190］王志刚，吕冰．蔬菜出口产地的农药使用行为及其对农民健康的影响——来自山东省莱阳、莱州和安丘三市的调研证据［J］．中国软科学，2009（11）：72－80.

［191］魏后凯．中国农业发展的结构性矛盾及其政策转型［J］．中国农村经济，2017（5）：2－17.

［192］吴丽丽，李谷成，周晓时．要素禀赋变化与中国农业增长路径选择［J］．中国人口·资源与环境，2015，25（8）：144－152.

［193］吴清华，周晓时，李俊鹏．非农经营收入与家庭农业劳动供给——基于家庭农场调查数据的实证分析［J］．华中农业大学学报（社会科学版），

2019 (3): 61 -70 +161.

[194] 吴昭雄，王红玲，胡动刚，汪伟平．农户农业机械化投资行为研究——以湖北省为例 [J]．农业技术经济，2013 (6): 55 -62.

[195] 伍骏骞，方师乐，李谷成等．中国农业机械化发展水平对粮食产量的空间溢出效应分析——基于跨区作业的视角 [J]．中国农村经济，2017 (6): 44 -57.

[196] 肖体琼，何春霞，曹光乔，陈永生，崔思远，赵闰．机械化生产视角下我国蔬菜产业发展现状及国外模式研究 [J]．农业现代化研究，2015, 36 (5): 857 -861.

[197] 谢琳，钟文晶，罗必良．农业生产服务的自主供给与市场供给：相互关系与政策思路 [J]．江海学刊，2017 (3): 55 -62 +238.

[198] 颜廷武，李凌超，王瑞雪．现代化进程中农业装备水平影响因素分析 [J]．农业技术经济，2010 (12): 38 -43.

[199] 杨印生，郭鸿鹏．农机作业委托系统中介人问题的制度经济学解说 [J]．农业经济问题，2004 (2): 58 -60.

[200] 杨进，吴比，金松青，陈志钢．中国农业机械化发展对粮食播种面积的影响 [J]．中国农村经济，2018 (3): 89 -104.

[201] 杨敏丽，白人朴．农业机械总动力与影响因素关系分析 [J]．农机化研究，2004 (6): 45 -47.

[202] 杨宇，李容，吴明凤．土地细碎化对农户购买农机作业服务的约束路径分析 [J]．农业技术经济，2018 (10): 17 -25.

[203] 易行健，朱力维，杨碧云．城乡居民不同来源收入对其消费行为的影响——基于 2002 -2013 年省级面板数据的实证检验 [J]．产业经济评论，2018 (5): 103 -113.

[204] 尹朝静，范丽霞，李谷成．要素替代弹性与中国农业增长 [J]．华南农业大学学报（社会科学版），2014, 13 (2): 16 -23.

［205］余康，章立，郭萍．1989－2009中国总量农业全要素生产率研究综述［J］．浙江农林大学学报，2012（1）：111－118.

［206］展进涛，陈超．劳动力转移对农户农业技术选择的影响——基于全国农户微观数据的分析［J］．中国农村经济，2009（3）：75－84.

［207］张晓波．农业机械化的中国模式［J］．新产经，2013（1）：35－36.

［208］张露，罗必良．小农生产如何融入现代农业发展轨道？——来自中国小麦主产区的经验证据［J］．经济研究，2018，53（12）：144－160.

［209］张军，施少华，陈诗一．中国的工业改革与效率变化——方法、数据、文献和现有的结果［J］．经济学（季刊），2003（4）：1－38.

［210］张亚丽，白云丽，辛良杰．耕地质量与土地流转行为关系研究［J］．资源科学，2019，41（6）：1102－1110.

［211］张宗毅，刘小伟，张萌．劳动力转移背景下农业机械化对粮食生产贡献研究［J］．农林经济管理学报，2014（6）：595－603.

［212］张宗毅，周曙东，曹光乔，王家忠．我国中长期农机购置补贴需求研究［J］．农业经济问题，2009，30（12）：34－41.

［213］赵京，杨钢桥，徐玉婷．农地整理对农户农地固定资本投入的影响研究［J］．中国人口·资源与环境，2012，22（6）：103－108.

［214］赵琨．我国农机化发展对农业经济发展作用关系的实证研究［J］．生产力研究，2014（8）：95－98.

［215］赵卫军，焦斌龙，韩媛媛．1984～2050年中国农业剩余劳动力存量估算和预测［J］．人口研究，2018，42（2）：54－69.

［216］郑旭媛，徐志刚．资源禀赋约束、要素替代与诱致性技术变迁——以中国粮食生产的机械化为例［J］．经济学（季刊），2017，16（1）：45－66.

［217］郑适，陈茜苗，王志刚．土地规模、合作社加入与植保无人机技

术认知及采纳——以吉林省为例［J］．农业技术经济，2018（6）：92－105.

［218］钟甫宁，陆五一，徐志刚．农村劳动力外出务工不利于粮食生产吗？——对农户要素替代与种植结构调整行为及约束条件的解析［J］．中国农村经济，2016（7）：36－47.

［219］钟甫宁，何军．增加农民收入的关键：扩大非农就业机会［J］．农业经济问题，2007（1）：62－70＋112.

［220］钟真，刘世琦，沈晓晖．借贷利率、购置补贴与农业机械化率的关系研究——基于8省54县调查数据的实证分析［J］．中国软科学，2018（2）：32－41.

［221］钟真．社会化服务：新时代中国特色农业现代化的关键——基于理论与政策的梳理［J］．政治经济学评论，2019，10（2）：92－109.

［222］钟真，胡珺祎，曹世祥．土地流转与社会化服务："路线竞争"还是"相得益彰"？——基于山东临沂12个村的案例分析［J］．中国农村经济，2020（10）：52－70.

［223］周宏，王全忠，张倩．农村劳动力老龄化与水稻生产效率缺失——基于社会化服务的视角［J］．中国人口科学，2014（3）：53－65＋127.

［224］周晶，陈玉萍，阮冬燕．地形条件对农业机械化发展区域不平衡的影响——基于湖北省县级面板数据的实证分析［J］．中国农村经济，2013（9）：63－77.

［225］周娟．基于生产力分化的农村社会阶层重塑及其影响——农业社会化服务的视角［J］．中国农村观察，2017（5）：61－73.

［226］周晓时，李谷成，吴丽丽．转型期我国农业增长路径与技术进步方向的实证研究——基于大陆28省份的经验证据［J］．华中农业大学学报（社会科学版），2015（5）：40－47.

［227］周晓时，李谷成．对农村居民"食物消费之谜"的一个解释——基于农业机械化进程的研究视角［J］．农业技术经济，2017（6）：4－13.

［228］周晓时．劳动力转移与农业机械化进程［J］．华南农业大学学报（社会科学版），2017（3）：49－57.

［229］周渝岚，王新利，赵琨．农业机械化发展对农业经济发展方式转变影响的实证研究［J］．上海经济研究，2014（6）：34－41.

［230］周振，马庆超，孔祥智．农业机械化对农村劳动力转移贡献的量化研究［J］．农业技术经济，2016a（2）：52－62.

［231］周振，张琛，彭超，孔祥智．农业机械化与农民收入：来自农机具购置补贴政策的证据［J］．中国农村经济，2016b（2）：68－82.

［232］周振，孔祥智．农业机械化对我国粮食产出的效果评价与政策方向［J］．中国软科学，2019（4）：20－32.

［233］朱振亚，王树进．农业劳动力膳食能量节省与农业机械化水平之间的协整分析——以江苏省为例［J］．中国农村经济，2009（11）：69－76.

［234］祝华军．农业机械化与农业劳动力转移的协调性研究［J］．农业现代化研究，2005（3）：190－193.

附　　录

附表1　2004～2018年部分有关农业机械化的政策法规

年份	政策	主要内容
2004	全国人民代表大会常务委员会《中华人民共和国农业机械化促进法》	从科研开发、质量保障、推广使用、社会化服务、扶持措施、法律责任等方面，系统部署促进农业机械化的具体措施
2005	中共中央、国务院《关于进一步加强农村工作提高农业综合生产能力若干政策的意见》	要求继续加大“两免、三补贴”，为农业机械行业发展创造良好条件
2006	中共中央、国务院《关于推进社会主义新农村建设的若干意见》	明确大力推进农业机械化，提高重要农时、重点作物、关键生产环节和粮食主产区的机械化作业水平
2007	农业部、公安部、发改委等六部门联合印发《关于做好农机跨区作业工作的意见》	提出深化对农业机械化重要现实意义的认识、完善免费发放跨区作业证管理、优化促进农机跨区作业的相关服务、保证农业用油的供应、保障应急事件处置、安全通行和生产、加强成员配合与协调管理
2008	中共中央、国务院《关于切实加强农业基础建设进一步促进农业发展农民增收的若干意见》	提出要加快推进农业机械化，加强农业机械研发、推广应用以及税费优惠和农机大户、合作社扶持
2009	国务院《农业机械安全监督管理条例》	销售维修、使用操作、事故处理、服务监督、法律责任等方面，对农业机械安全监督管理做出了明确规定
2010	国务院《关于促进农业机械化和农机工业又好又快发展的意见》	明确促进农业机械化发展的主要任务，促进农机工业发展的主要任务

续表

年份	政策	主要内容
2012	中共中央、国务院《关于加快推进农业科技创新持续增强农产品供给保障能力的若干意见》	明确指出，充分发挥农业机械集成技术、节本增效、推动规模经营的重要作用，不断拓展农机作业领域，提高农机服务水平
2013	中共中央、国务院《关于加快发展现代农业　进一步增强农村发展活力的若干意义》	强化农业物质基础，加快粮棉油糖等农机装备研发，扩大农机局购置补贴规模，推进农机以旧换新新试点
	农业部《关于大力推进农机社会化服务的意见》	提出推进农机社会服务的主要措施：培育新型农机社会化服务主体；构建新型农机社会化服务体系；完善新型农机社会化服务机制；培养新型农机社会化服务人才
2014	中共中央、国务院《关于全面深化农村改革、加快推进农业现代化的若干意见》	明确加快推进大田作物生产全程机械化，主攻机插秧、甘蔗机收等薄弱环节，实现作物品种、栽培技术和机械装备集成配套的主攻方向
2016	农业部《全国农机深松整地作业实施规划（2016—2020年）》	结合区域异质性，从区域范围、深松时间、深松作业标准、年度实施计划、保障措施等方面，部署全国农机深松整地作业的实施方案
2017	工信部、农业部、发改委《农机装备发展行动方案（2016—2025）》	主机产品创新、关键零部件发展、产品可靠性质量提升、公共服务平台建设、农机农艺融合等专项，明确农机装备发展的重点领域，并提出相应的保障措施
2018	国务院《关于加快推进农业机械化和农机装备产业转型升级的指导意见》	明确加快推进农业机械化和农机装备产业转型升级的具体措施：加快推动农机装备产业高质量发展；着力推进主要农作物生产全程机械化；大力推广先进适用农机装备与机械化技术；积极发展农机社会化服务；持续改善农机作业基础条件；切实加强农机人才培养

资料来源：根据国务院、农业农村部等政府机构官方网站整理。

附表2　四种农业机械化方式下变量的均值差异比较

变量	传统	自购	外包	混合	F值
粮食产出	1.100（0.764）	1.204（0.778）	1.074（0.652）	1.187（0.750）	10.950***
年龄	56.16（11.19）	53.18（11.10）	55.18（11.04）	52.87（10.44）	26.403***
性别	0.875（0.331）	0.916（0.277）	0.901（0.298）	0.931（0.254）	7.877***

续表

变量	传统	自购	外包	混合	F 值
受教育程度	2.487（0.956）	2.626（0.972）	2.687（0.970）	2.783（0.988）	20.449***
家庭规模	2.643（1.767）	2.788（1.693）	2.867（1.753）	2.892（1.717）	5.943***
信贷	0.230（0.421）	0.276（0.447）	0.279（0.449）	0.426（0.495）	35.632***
汽车	0.123（0.328）	0.152（0.359）	0.147（0.354）	0.191（0.393）	6.702***
村干部	0.0399（0.196）	0.0724（0.259）	0.0387（0.193）	0.0584（0.235）	7.985***
耕地规模	5.964（8.911）	14.70（62.45）	8.331（68.30）	15.65（48.86）	9.930***
土地确权	0.461（0.499）	0.521（0.500）	0.388（0.487）	0.416（0.493）	20.303***
农业补贴	0.663（0.473）	0.776（0.417）	0.843（0.364）	0.864（0.343）	71.116***
东部地区	0.373（0.484）	0.215（0.411）	0.367（0.482）	0.255（0.436）	41.82***
中部地区	0.254（0.436）	0.355（0.479）	0.411（0.492）	0.503（0.500）	57.839***
西部地区	0.373（0.484）	0.430（0.495）	0.222（0.416）	0.242（0.429）	70.357***

注：①括号内为变量标准差；②***表示在1%水平下显著；③F统计量（F值）用来表示不同组的均值差异检验，其原假设为各组之间的均值差异为0。

附表3　农户农业机械化方式影响因素的系数估计结果：基于MESR模型

变量	传统	自购	混合
年龄	0.001（0.003）	-0.018（0.005）***	-0.013（0.004）***
性别	-0.110（0.063）*	0.242（0.110）**	0.389（0.141）***
受教育程度	-0.183（0.045）***	-0.110（0.041）***	0.0553（0.041）
家庭规模	-0.0577（0.029）**	-0.041（0.028）	-0.014（0.027）
信贷	-0.163（0.106）	-0.060（0.099）	0.588（0.083）***
汽车	-0.104（0.104）	0.002（0.126）	0.306（0.104）***
村干部	0.170（0.153）	0.661（0.212）***	0.363（0.234）
耕地规模	-0.0282（0.016）*	0.011（0.020）	0.010（0.020）
土地确权	0.232（0.105）**	0.460（0.118）***	0.139（0.122）
农业补贴	-0.921（0.093）***	-0.409（0.121）***	0.140（0.112）
Ⅳ	0.0313（0.202）	0.247（0.105）**	0.334（0.170）**
东部地区	0.325（0.348）	-0.350（0.427）	-0.449（0.257）*
西部地区	0.753（0.326）**	0.729（0.431）*	-0.0215（0.329）
常数项	0.962（0.365）***	0.597（0.527）	-1.048（0.490）**

注：①括号内为变量标准差；②***、**和*分别表示在1%、5%和10%的水平下显著；③机械化方式的参照组为服务；④地区虚拟变量的参照组为中部。

附表 4 农户农业机械化方式影响因素的边际效应估计结果：基于 MESR 模型

变量	传统	自购	外包	混合
年龄	0.002（0.001）***	−0.003（0.001）***	0.002（0.001）***	−0.002（0.000）**
性别	−0.048（0.012）***	0.034（0.017）**	−0.029（0.016）*	0.042（0.017）**
受教育程度	−0.029（0.006）***	−0.009（0.005）*	0.022（0.007）***	0.016（0.005）***
家庭规模	−0.008（0.004）*	−0.003（0.003）	0.009（0.005）*	0.002（0.003）
信贷	−0.045（0.019）**	−0.021（0.016）	−0.012（0.015）	0.078（0.012）***
汽车	−0.029（0.015）*	−0.004（0.017）	−0.007（0.020）	0.040（0.012）***
村干部	−0.021（0.021）	0.089（0.028）***	−0.083（0.036）**	0.015（0.023）
耕地规模	−0.006（0.002）***	0.003（0.002）	0.001（0.004）	0.002（0.001）
土地确权	0.010（0.017）	0.059（0.015）***	−0.062（0.019）***	−0.007（0.014）
农业补贴	−0.149（0.013）***	−0.018（0.017）	0.106（0.018）***	0.061（0.012）***
Ⅳ	−0.020（0.034）	0.028（0.014）**	−0.039（0.027）	0.031（0.019）
东部地区	0.096（0.048）**	−0.064（0.052）	0.020（0.066）	−0.052（0.030）*
西部地区	0.094（0.042）**	0.079（0.046）*	−0.120（0.068）*	−0.052（0.029）*

注：①括号内为标准误；②***、**和*分别表示在1%、5%和10%的水平下显著；③地区虚拟变量的参照组为中部地区。

附表 5 机械化方式对土地生产率的影响：基于 Tobit 模型

变量	粮食产出	水稻	小麦	玉米
机械化方式				
自购	0.085（0.042）**	9.620（6.127）	11.382（9.665）	42.668（7.030）***
外包	−0.058（0.036）	15.743（6.439）**	16.209（4.822）***	16.805（11.168）
混合	0.038（0.046）	30.995（12.648）**	12.104（8.528）	37.662（10.465）***
控制变量				
年龄	−0.000（0.002）	0.287（0.331）	−0.026（0.210）	−0.271（0.244）
性别	0.052（0.033）	2.167（8.277）	1.028（5.273）	7.246（8.206）
受教育程度	0.034（0.014）**	9.839（3.865）**	3.722（2.095）*	5.405（1.368）***
家庭规模	−0.013（0.009）	−0.452（1.472）	1.863（1.544）	−3.740（2.071）*
信贷	−0.035（0.021）*	14.005（8.415）*	−2.693（2.901）	4.239（7.315）
汽车	0.095（0.033）***	11.999（7.053）*	14.973（6.670）**	19.957（8.716）**
村干部	−0.050（0.043）	−9.549（7.435）	−7.572（10.251）	−8.082（15.727）

续表

变量	粮食产出	水稻	小麦	玉米
耕地规模	-0.000 (0.000)	0.038 (0.088)	0.015 (0.008)*	0.005 (0.030)
土地确权	0.029 (0.030)	-5.949 (5.154)	-5.888 (4.058)	-0.148 (7.466)
农业补贴	0.005 (0.031)	11.170 (6.163)*	10.432 (4.928)**	7.569 (7.993)
东部地区	-0.150 (0.121)	-36.166 (18.044)**	9.604 (11.148)	-35.429 (35.300)
西部地区	-0.180 (0.117)	-24.934 (17.886)	-37.066 (11.091)***	-45.785 (38.267)
常数项	1.131 (0.167)***	219.882 (27.528)***	158.620 (20.721)***	246.624 (41.781)***
样本量	5670	2256	1977	4213

注：①括号内为标准误；②***、**和*分别表示在1%、5%和10%的水平下显著；②机械化方式的参照组为传统；④地区虚拟变量的参照组为中部地区。

附表6　土地确权下机械化方式对土地生产率的影响：基于MESR模型

机械化方式	确权		未确权	
	ATT	变动率	ATT	变动率
自购 vs. 传统	0.08 (0.005)***	7.01%	0.115 (0.015)***	10.64%
外包 vs. 传统	-0.145 (0.006)***	-12.18%	0.017 (0.005)***	1.54%
混合 vs. 传统	-0.052 (0.011)***	-4.33%	0.115 (0.011)***	10.19%

注：①括号内为标准误；②***表示在1%的水平下显著。

附表7　机械化方式对土地生产率的影响：基于IPWRA估计

机械化方式	ATT	Z值	变动率
自购 vs. 传统	0.113 (0.039)***	2.916	10.40%
外包 vs. 传统	-0.014 (0.037)	-0.374	-1.30%
混合 vs. 传统	0.093 (0.045)**	2.094	8.50%

注：①括号内为标准误；②***、**分别表示在1%、5%的水平下显著。

后　　记

本书是在笔者的博士论文的基础上完善而成的。在选题之初，华中农业大学李谷成教授曾多次与笔者促膝漫谈，从农业发展过程中的“列宁－恰亚诺夫”之争延伸至分工理论、内卷化、规模化与资本化等多个方面，讨论最后汇集到现实中“小农户”与“大农机”的相容性问题上。在经典的文献中，作为最典型、最重要的劳动节约型技术之一，农业机械可因其“不可分性”的特征属性而天然地排斥小农户。然而，我国农业机械化的快速发展的现实情况显然与“‘小农户’与‘大农机’”不相容这一论断相悖。我们最后用“可分的农机服务”来解读这一悖论，并将其称为“中国特色”的农业机械化模式。

本书的写作过程伴随着中国农业机械化快速、高质量的发展。特别是随着以农机社会化服务和土地托管为代表的新型农业生产组织方式不断涌现，中国农业机械化已经迈进了一个全新的发展机遇期。关于农业机械化的研究也日渐丰富，备受关注。现在理论界已基本达成共识：通过可分的农机服务代替不可分的大型农机是实现小农户与现代农业有机衔接的重要抓手，也是推动中国农业现代化发展的必由之路。有了理论共识，接下来就要观察和探讨农户机械化行为及其对农业生产的影响，而这正是本书的核心研究内容。

在本书的写作与出版过程中，需要特别感谢新西兰林肯大学马旺林副教授的帮助。本书也是国家自然科学基金青年项目“中国的农业机械化模式及其对农户收入增长与差距的影响研究”（编号：72003089）的阶段性成果之一，感谢国家自然科学基金委的资助。

书已成文，限于资料来源和笔者水平，本书难免有遗漏之处，尚希读者指正。

周晓时

2021 年 9 月 30 日于北大承泽园